New Technology on
Lightning Protection
and Grounding System

최신 피뢰 시스템과 접지 기술

강인권 편저

▶ 최신 피뢰이론
▶ 피뢰침 방식 및 접지 시스템 기술
▶ 최신 피뢰침 방식의 평가
▶ 피뢰 시스템 설계시, 시스템의 선정
   및 설계의 기준으로 활용

since1973 도서출판 +iT

성안당 .com
www.cyber.co.kr / www.sungandang.com

머리말

최근 건축물 또는 구조물의 피뢰설비로 신형 피뢰침 방식이 적극적으로 도입, 설치되고 있다. 즉, 종래부터 적용되고 있는 일률적 보호각 개념의 프랭클린 돌침 방식과는 다른 회전구체법이 적용되고 광역 보호범위의 고신뢰도 방식의 신형 선행 스트리머 방사형(ESE) 피뢰침이 다수 적용, 설치되고 있는 것이다.

그리고 국내 표준에서도 피뢰이론에 대해서 일률적 보호각 개념이 아닌 회전구체법을 적용하는 추세로 가고 있다.

또한, 접지설비에 있어서도 신형 접지극 방식이 개발되어 다수 적용되고 있다. 이러한 국내외적인 최신 피뢰이론 및 신형 피뢰침 방식과 접지 시스템에 대하여 정립하여 기술된 저서가 필요하다고 판단되어 이 책을 저술하게 되었다.

이 책에서는 최신 피뢰이론과 이에 의거한 피뢰침 방식 및 접지 시스템 기술에 대하여 체계적으로 기술하고 있다. 그러므로 이 책의 내용은 최신 피뢰침 방식의 평가, 선정 및 접지 시스템의 적용 등에 큰 도움이 될 것으로 본다. 즉, 이 책의 세부 항목별 내용은 건축 구조물 등의 피뢰 시스템 설계시에 실제적인 시스템의 선정 및 설계의 기준으로 활용될 수 있을 것이다.

이 책의 편집 내용에서 일부 미숙한 점이 있으면 양해를 구하며, 출판하기까지 수고한 성안당 여러분께 진심으로 감사 드린다.

편 저 자

차 례

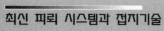

제 3 장　과전압 보호 및 접지

제 4 장　피뢰 및 접지 시스템의 협조

제 1 장

피뢰 시스템

뇌격 방전

1.1 뇌격의 발생

뇌격에는 계절, 지역 등에 따라서 다양한 종류가 있다. 뇌격의 종류를 대별하면 하계뢰, 계뢰, 동계뢰의 3종류가 있으며, 이외에도 태풍, 사태, 화산분화 등에 의해서도 뇌격이 발생하는 경우도 있다.

세계적으로 매일 약 5만 회의 뇌격이 발생하고 있으며, 이것은 매시 평균 약 2천 회의 뇌격이 존재하고 매초 적어도 수백 회의 뇌격방전이 발생한다는 것을 의미한다. 이러한 뇌격은 세계적으로 보면 동남 아시아, 중앙 아프리카, 아마존 하류 지역 등에 집중 발생하고 있다.

뇌격은 대체로 북위 30°에서 남위 30° 사이의 육지에서 주로 발생하고 있으며, 동시에 여름에 이러한 뇌격현상이 활발하고 위도가 높아지면 뇌격의 발생은 감소하여 간다. 그리고 일반적으로 해상에서는 뇌격의 발생이 그렇게 활발하지는 않다.

뇌격은 이와 같이 세계적으로 보아서도 지역성 및 계절성이 있으며, 우리나라와 같이 좁은 지역에서도 동일한 양상을 보인다. 특히, 동계뢰는 세계적으로 보면 노르웨이의 대서양 연안, 일본의 연안 등에서 크게 발생하며, 그 이외 지역에서는 거의 발생하지 않고 있다.

1.2 뇌격 발생의 조건

뇌격 발생의 기상학적 조건은 전체 뇌격이 동일하며, 다음의 3가지 조건이 충족되면 계절, 장소 등에 관계없이 발생할 수 있다.
- 상승기류, 강풍 등의 급속한 대기류의 이동
- 대기중 다량의 수증기 함유
- 지역의 기온이 영하 10℃에서 영하 20℃ 정도

1.3 뇌격의 종류, 구조 및 특성

[1] 하계뢰

여름에 산악부의 동남측 사면 등에서는 강한 태양조사에 의해서 주간에 온도가 상승하고, 야간에는 사면 부근에서 상승기류가 강하게 불게 된다. 일반적으로 대기의 온도는 고도 100 m에 대해서 약 0.6℃ 정도 강하한다.

그러므로 지표면 온도가 30℃의 경우에도 고도 6600 m에서는 영하 10℃, 8300 m에서는 영하 20℃가 된다. 그리고 대기압도 고도에 따라서 강하하고 상승기류는 단열팽창을 발생하며, 이에 따라 상공의 대기온도는 동시에 강하하므로 6600 m보다 낮은 고도에서는 충분한 뇌격 발생 온도조건이 된다.

여기에, 또한 습도가 높으면 뇌격 발생의 3조건이 충족되어 뇌격이 발생하게 된다. 이것이 하계뢰이다. 하계 뇌운의 구조를 [그림 1-1]에 보인다.

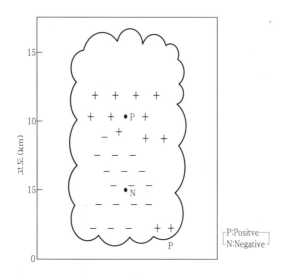

고도 (km)

P:Positve
N:Negative

[그림 1-1] 하계 뇌운의 구조

하계 뇌운의 구조에서 전하분포는 뇌운의 하부가 부극성(-), 뇌운의 상부는 정극성(+)으로 되고, 뇌운 하부의 일부에 포켓(pocket)이라 불리는 정극성(+) 전하의 부분이 있다. 그러므로 하계뢰의 극성은 90% 이상이 부극성(-)이며, 정극성(+) 뇌격은 수 %에 지나지 않는다.

뇌운 최하부의 고도는 3~5 km 정도이며 뇌운 최상부의 고도는 12 km를 초과하는 경우도 있다. 그리고 뇌운의 지름은 5~6 km 정도의 실린더(cylinder) 형태로 되며 단독 또는 집단으로 발생한다. 집단 뇌운에서는 지름이 30 km 정도가 되는 경우도 있다.

일반적으로 뇌운은 대부분 산악부의 동남측 사면에서 주로 주간에 발달하면서 내륙으로 강하하게 되며 해안 부근에서 야간에 소멸한다.

하계뢰에서 뇌격 섬광의 대부분은 하향 지류로 분기되고, 그 반수 정도는 단일뇌격으로 1~2/10000초 정도에서 종료된다. 나머지는 다중 뇌격으로 단일뇌격이 4/100초 정도의 간격으로 2~10수회 반복된다.

뇌운 최하부의 고도가 3~5 km로 되는 경우도 있으므로 낙뢰장소는 완전히 임의적이며, 낙뢰점이 결정되는 것은 낙뢰의 최종 단계에 의해 결정된다.

[2] 동계뢰

동계뢰는 세계적으로 보면 주로 노르웨이 서해안 및 일본 해안에서 발생한다. 동계뢰는 대륙에서 겨울에 발생하는 한랭하고 강한 계절풍과 난류에 의해 공급되는 온난한 수증기의 접촉에 의해 발생하는 것이다. 동계뢰는 주로 초겨울에 많이 발생한다.

해안의 평야지역에서 낙뢰가 발생하는 경우에는 하계뢰와는 다르게 하향 뇌격 지류로 된다. 그러나 만약 평야지역에서 높은 건축물(60 m 이상)이 있으면 여기에 집중적으로 낙뢰가 발생한다. 이 경우에는 뇌격은 상향 뇌격 지류로 된다. 전체적으로 보면, 평야지역에서 산악지역까지의 표고 수 100 m~1000 m 사이에 낙뢰가 가장 많이 발생한다.

다음은 하계뢰와 동계뢰의 뇌운의 횡단면 형태 비교를 [그림 1-2]에 보인다.

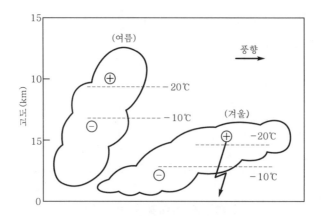

[그림 1-2] 뇌운의 횡단면 형태

그리고 동계뢰의 뇌운의 평면적 구성도를 [그림 1-3]에 보인다.

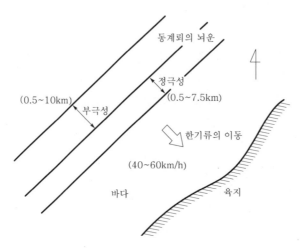

[그림 1-3] 동계뢰의 평면적 구성도

하계 뇌운은 실린더 형태로 종축으로 길게 형성되며, 동계 뇌운은 바람의 방향으로 평편하게 바람과 직각 방향으로 길게 형성되는 형태로 된다. 그리고 뇌운의 최정상과 최하부가 낮으며 풍향의 전방은 정극성(+), 후방은 부극성(−)으로 대전되는 것이 일반적이다. 이러한 뇌운의 형태, 고도 및 대전형태가 동계뢰의 특성을 지배하는 것으로 간주되고 있다.

다음으로 동계뢰를 하계뢰와 비교하여 그 특성을 기술하면 다음과 같다.

- 동계뢰의 극성은 정극성(+)의 뇌격이 약 50% 정도 존재한다. 하계뢰의 경우에는 정극성(+)의 뇌격이 전체의 수 % 정도이므로 매우 다르다.
- 높은 건축 구조물에 집중적으로 낙뢰하고 대부분이 상향 뇌격으로 된다.

　해안 부근에 높은 구조물이 있으면 여기에 집중적으로 낙뢰된다. 하계뢰에서는 동일한 조건에서도 수십 회 낙뢰하는 경우가 없으며 많아도 2~3회 정도이다. 이것은 동계뢰의 뇌운이 하계뢰와 비교하여 뇌운이 매우 낮게 형성되기 때문인 것으로 판단된다.

- 높은 구조물에 대해서 풍상측, 즉 바람이 불어오는 쪽에 낙뢰하는 경우가 많다.

　뇌운은 계절풍 중에 발생하며 계절풍과 같이 내습하지만 뇌운의 하부가 낮으므로 높은 구조물의 최상부 선단에 전계가 집중되고, 여기에 대응하는 스트리머(streamer)가 발생하여 풍상 방향의 뇌운을 향하여 진전해 가는 것이다.

- 장 파미장의 뇌격이 많다.

　하계뢰는 전류파형의 지속시간이 1/10000~2/10000초 정도이다. 동계뢰는 전류 지속시간이 매우 긴 것이 많으며 50 ms를 초과하는 것도 70% 정도 존재하고 가장 긴 것은 0.5초에 근접하는 것도 존재한다. 동계뢰의 지속시간은 하계뢰에 비하여 약 1000배를 초과한다. 이것은 에너지의 문제도 관련되며 송전선의 고속도 재폐로의 문제와도 관련이 있고 뇌격 재해방지면에서 대단히 중요하다.

　장 파미장 뇌격의 발광 지속시간도를 [그림 1-4]에 보인다.

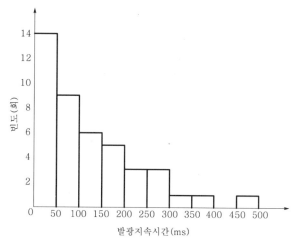

[그림 1-4] 장 파미장 뇌격의 지속시간도

- 에너지량이 매우 큰 것이 많다.

  동계뢰에서 뇌격전류의 지속시간이 긴 것은 그대로 뇌격 에너지의 크기로 된다. 하계뢰의 약 1000배를 초과하는 뇌격 에너지를 가지는 동계뢰에 대해서는 종래 하계뢰만을 대상으로 한 뇌격대책을 재고하여 수립하여야 한다.

  현실적으로 직격뢰에 의한 송전선 및 가공지선의 소선절단 또는 단선사고, 발변전소의 피뢰기 및 접지계통의 소손사고, 유도뢰에 의한 통신용 보안기의 소손 등이 발생하는 것은 이 동계뢰의 에너지량에 기인한 것으로 판단된다.

- 특수한 뇌격 방전전로가 형성되는 경우가 있다.

  뇌격 방전전로가 수평으로 길게 형성된 후에 낙뢰되거나 상향 원호를 그린 후에 낙뢰되는 것이 있다.

- 다수 지점의 동시 뇌격이 존재한다.

  하계뢰에서도 가끔 2개소 동시 뇌격이 발생하는 경우가 있지만 이것은 매우 특수한 경우이다.

  동계뢰에서는 7~8개소에서 동시뇌격이 발생하는 경우가 있다. 이 이유는 뇌운의 형태에 기인한 것으로 판단된다.

- 하계뢰는 전부 단일극성이지만 동계뢰는 뇌격전류의 극성이 뇌격 도중에 반전되는 경우가 있다.

- 차폐효과(barrier effect)가 존재한다.

  동계뢰의 경우, 일정 범위 내에 복수의 철구조물이 존재하면 풍상측의 철구조물이 풍하측의 철구조물에 대해서 차폐 구조물로 작용한다. 수 100 m 이상 이격되어 있는 철구조물이 다른 철구조물에 대해서 상당한 확률로 낙뢰를 흡인하는 효과이다. 이 결과 하계뢰의 피뢰침에 의한 차폐 효과와 비교하면 단일 방향이지만 매우 넓은 범위의 차폐 효과를 가진다는 것이다.

[3] 계 뢰

계뢰의 형성 과정도를 [그림 1-5]에 보인다.

계뢰는 냉기류가 난기류를 밀어 올리는 경우 또는 하부층의 냉기류에 연하여 난기류가 상승하는 경우에 발생하는 뇌격으로 불연속 전선이 급속하게 이동하는 경우에 발생한다. 그러므로 지역 차이, 계절, 시간 등에 거의 상관없이 어느 때, 어느 장소에서나 발생한다.

일반적으로 그 범위는 수 10 km, 경우에 따라서는 100 km를 초과하는 경우도 있다.

그리고 계뢰 단독으로 발생하는 경우, 하계뢰 또는 동계뢰와 중첩되어 발생하는 경우도 있다.

낙뢰의 형태는 봄에서 가을까지는 하계뢰와 동일하고, 겨울에는 동계뢰와 동일하다.

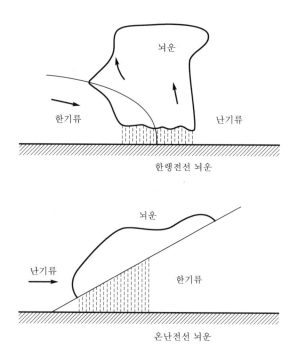

[그림 1-5] 계뢰의 형성 과정도

[4] 기타 뇌격

뇌격의 발생조건이 만족되면 뇌격은 언제, 어디서나 발생할 수 있다. 이러한 이유로 태풍, 화산분화, 대화재, 폭발 등의 원인에 의해서도 뇌격이 발생한다.

그러나 이러한 뇌격은 발생이 매우 희귀하며 관측 자체가 매우 위험하므로 관측의 대상에서 제외되고 있다.

1.4 뇌격 방전

[1] 하향 뇌격

(1) 단일 뇌격

뇌운 중에 전하분리가 발생하면 뇌운 하부의 전하에 대응하여 대지에는 반대 극성의 유도전하가 발생한다. 이어서 뇌운 중의 전하분리가 진전되어 뇌운 하부 전하의 축적이 증가하고 그 부분의 전위가 상승한다. 이 전위경도가 $30 \, \text{kV/cm}$(1기압하에서 대기 중의 절연강도)에 근접하게 되면 대기의 절연이 파괴되어 선구 방전(leader stroke)이 $100 \sim 200 \, \text{m/ms}$의 속도로 신장하기 시작한다. 이 선구방전이 계속 신장되어 $20 \sim 80 \, \text{m}$(평균

40 m 정도)에 도달하여 선단의 전하가 영(0)으로 되는 시기에 전진이 정지된다. 그리고 후속되는 전류에 의해서 다시 선단의 전위경도가 30 kV/cm에 도달하기까지 정지된 그 상태로 유지한다.

이 정지시간은 수 10 μs(1 μs=1/1,000,000s)이며, 그 이후 다시 진전이 시작되고, 이 것을 반복하면서 대지를 향하여 진행한다. 이 상태를 계단형 선구 방전(stepped leader stroke)이라고 한다.

이 진전이 정지하는 지점을 절점(node)이라고 하며, 이 지점에서 굴곡되거나 분기 지류가 발생한다. 하계뢰의 경우에는 이 분기 지류가 하향진행으로 된다. 그리고 당연히 이 계단형 선구에 대응하여 대지의 유도전하도 변화한다.

이 계단형 선구가 지표면 부근에 도달하면 지표면의 전계가 강화되고 전계가 집중되는 돌기 물체의 선단에서 상향 스트리머(streamer)가 발생하고, 이것이 최종의 계단형 선구와 접촉하여 방전로가 형성된다. 이 방전로의 전하를 중화시키기 위하여 대지에서 뇌운을 향하여 강한 발광을 동반하는 귀환 뇌격(return stroke)이 광속의 약 1/3의 속도로 상승하게 된다.

이렇게 하여 뇌운 중 전하의 거의 반이 소멸되는 경우에 뇌격 방전은 종료되어 단일 뇌격으로 된다. 이 뇌격은 분기 지류를 가진다.

(2) 다중 뇌격

최초의 뇌격 방전 후, 뇌운 중에 전하가 잔류하고 있는 경우에는 제2, 제3의 뇌격이 발생하게 된다. 이것을 다중 뇌격이라고 한다.

다중 뇌격의 진행도를 [그림 1-6]에 보인다.

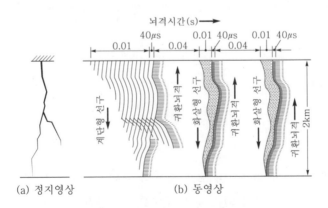

[그림 1-6] 다중 뇌격의 진행도

다중 뇌격에서 제2 뇌격 이후의 뇌격은 이전의 뇌격에 의해서 방전로가 이온화되어 있으므로 선구 방전의 진전시에 계단형을 형태를 취하지 않고 휴지시간이 없는 화살형 선구

방전(dart leader stroke)으로 된다.

이 방전은 이전의 방전경로를 따라서 $1\sim20\times10^6\,m/s$의 속도로 하강하며, 이것이 지표면에 도달하게 되면 이것을 중화시키기 위한 귀환 뇌격이 발생한다. 그러므로 제2 뇌격 이후의 뇌격에는 분기 지류가 발생하지 않는다.

또한, 이 선구 방전은 확실한 사진을 취하기가 어려운 정도로 대단히 어둡다. 일반적으로 낙뢰라고 하는 것은 귀환 뇌격을 말한다.

[2] 상향 뇌격

뇌운의 하부 지상에 높은 구조물(하계뢰의 경우에는 지상 약 300 m 이상, 동계뢰의 경우에는 약 60 m 이상)이 존재하는 경우에 이 구조물의 최상부 선단에 전계가 집중되어 전위경도가 30 kV/cm에 근접하게 되면 선단에서 뇌운으로 향하여 상향의 분기 지류를 가지는 스트리머가 발생한다. 이 스트리머가 계속 신장되어 뇌운의 하부에 도달하여 상향 뇌격으로 된다.

하계뢰의 낙뢰는 주로 고층 건물에서 발생하고, 동계뢰의 낙뢰는 해안의 고층 건축물에 집중적으로 발생한다. 이 뇌격이 빈발하는 장소에서는 200 m 높이의 굴뚝에 한 계절 중에 70회를 초과하는 낙뢰가 관측된 적도 있다.

[3] 운간 방전

낙뢰 이외에 일반인의 시야에 보이는 뇌격으로 운간 방전이 있으며 직접적인 피해는 없다. 이것은 일정 뇌운과 다른 뇌운과의 사이에 발생하는 뇌격으로 하계뢰에서 많고 10 km를 초과하는 규모의 것도 가끔 발생한다. 그러나 발광 휘도를 관측한 결과로 보면 뇌격전류는 대지 뇌격과 비교하면 매우 작은 것으로 판단된다.

운간 방전은 지상과의 거리가 가까워서 큰 뇌성이 길게 울려도 지상 구조물에의 영향은 전혀 없다. 그리고 확실하게 볼 수는 없지만 뇌운의 내부 전하분리의 과정에서 소규모의 운내 방전이 발생하는 경우도 있다. 이 방전은 전자파를 이용한 뇌운 감지장치 등에 뇌운 발생 감지에 이용된다.

[4] 뇌격의 제 정수

뇌격 방전의 주요 특성값, 즉 뇌격 정수의 예를 다음의 [표 1-1]에 보인다.

뇌격전류의 약 반은 20 kA 이상으로 최대값은 200 kA를 초과하는 것도 있다. 단, 이 뇌격 정수에서 동계뢰의 경우는 제외된 것이다.

[표 1-1] 뇌격 정수(예)

항 목		최소값	최고값	대표값
계단형 선구 (stepped leader)	계단형태 길이(m)	3	200	50
	계단형태 사이의 시간간격(μs)	30	125	50
	평균 전진속도(m/s)	1.0×10^5	2.6×10^6	1.5×10^5
	방전로 분포 전하(C)	3	20	5
화살형 선구 (dart leader)	전진속도(m/s)	1.0×10^6	2.1×10^7	2.0×10^6
	방전로 분포 전하(C)	0.2	6	1
귀환 뇌격 (return stroke)	전진속도(m/s)	2.0×10^7	1.4×10^8	5.0×10^7
	전류 급준도(kA/μs)	<1	<80	10
	파두장(μs)	<1	30	2
	파고값(kA)	$-$	110	$10 \sim 20$
	파미장(μs)	10	250	40
	방전 전하량(C)	0.2	20	2.5
	방전로 길이(km)	2	14	5
뇌격 방전	방전 중의 뇌격수	1	26	$3 \sim 4$
	뇌격 간격(ms)	3	100	40
	방전 지속시간(s)	10^{-2}	2	0.2
	방전 전하량(C)	3	90	25

[5] 직격뢰와 유도뢰

낙뢰는 대별하여 직격뢰와 유도뢰로 분류된다. 뇌운에서 물체에 직접 뇌격이 방전하는 경우가 직격뢰이다.

유도뢰는 배전선, 통신선 등의 부근에 낙뢰하는 경우에 뇌격전류에 의한 선로 주변의 전자계의 급변에 기인하여 선로에 유도되는 뇌격 서지(lightning surge)이다. 일반적으로 이 유도뢰의 에너지는 직격뢰에 비하여 매우 작다.

(1) 직격뢰

직격뢰는 유입전류, 발생전압 전부가 대단히 크므로 대부분 뇌격에 의해 파손된다. 송전선의 경우, 가공 지선의 차폐각 부족으로 차폐 실패에 의한 송전선의 직격뢰와 가공 지선 또는 철탑에의 직격뢰가 있다. 후자의 경우에 뇌격전류값과 가공 지선, 철탑, 접지 임피던스의 일치로 접지 전위 상승에 의한 역 섬락(flash over) 사고로 되는 경우가 있다. 무엇보다도 큰 뇌격전류에 의한 접지 전위의 상승 및 접지 전류의 유입에 의해 부근의 배전선 등에 피해를 야기하게 된다.

(2) 유도뢰

유도현상에는 정전 유도와 전자 유도가 있다. 대향 배치되어 있는 금속판 또는 전선 등의 2개의 도체간(전극간)에는 정전 용량이 형성되고, 이 사이에는 정전 유도에 의한 전하가 축적된다. 이 경우, 한편의 전극에 일정 전하가 가해지면 다른 한편의 전극에는 반대 극성의 동일 용량의 전하가 발생한다. 이것이 정전 유도현상이다. 그리고 도선에 전류가 흐르면 그 주변에는 자속이 발생하고 그 전류를 변화시키면 자속도 변화한다. 이 변화하는 자속의 사이에 다른 전선을 두면 이 도선에는 자속의 변화에 대응하는 전압이 발생한다. 이것이 전자 유도현상이다.

상기의 2가지 유도현상이 유도뢰의 원인이 된다.

가공선의 유도뢰 서지 발생 메커니즘(mechanism)으로는 가공선로 부근에 낙뢰한 경우, 뇌격전류에 의한 전자계의 급변에 의해 가공 선로에 서지가 유기되는 것으로 취급되고 있다. 이것은 뇌격 방전로를 전파를 발신하는 안테나, 가공 선로를 수신 안테나로 간주하여 이해하는 것이다. 실제로 고압 배전 선로에서 200 m 이격된 장소에 뇌격전류 10 kA의 뇌격이 있는 경우, 배전선에 발생하는 유도뢰의 파고값은 수 10~100 kV 정도로 알려져 있다. 일반적으로 200 kV를 초과하는 경우는 드물지만 최고값 기록으로는 400 kV의 것도 있다.

[6] 건축물의 표피효과 (skin effect)

전선 도체에 교류 전류가 흐르면 전류는 전선 도체의 단면에 균일하게 흐르지 않고 전선 도체의 표면 부근에 집중되어 흐르게 되므로 실효 저항이 증가하는 현상이 표피효과이다. 건축물은 큰 도체이고 뇌격전류는 단일 극성이지만 변화가 극심하여 고조파 전류와 동일한 특성을 가지게 되므로 건축물의 뇌해 대책상 표피효과는 매우 중요한 현상이 된다.

뇌격전류에 의한 건축물의 표피효과 개념도를 [그림 1-7]에 보인다.

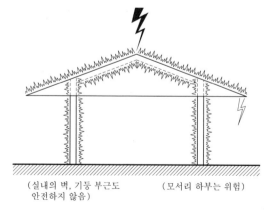

(실내의 벽, 기둥 부근도 안전하지 않음) (모서리 하부는 위험)

[그림 1-7] 뇌격전류에 의한 건축물의 표피효과 개념도

건축물에 낙뢰가 발생되면 표피효과에 의해 건물 모서리에서 전류가 최대로 되고 다음으로 주변의 외벽, 중앙부분의 순으로 최소로 된다. 이에 의해 동일 층에서도 전위차가 발생한다. 이것이 뇌격 피해의 원인으로 된다. 일반적으로 건축법에서 높이 20 m를 초과하는 경우에만 피뢰침 설치가 의무화되어 있으며, 이 이하의 건축물에는 규정되어 있지 않다. 그러나 이러한 낮은 건축물에 낙뢰가 없으리라고는 아무도 입증할 수 없음을 주지하여야 한다. 그리고 상기의 직격뢰 또는 유도뢰 전류에 의한 건축물의 표피효과도 고려하여야 한다.

 ## 최신 피뢰이론

최신의 피뢰이론에 대해 그 특성을 비교하여 적용 피뢰설비의 피뢰이론 및 적용기준을 정립한다. 현재 세계적으로 적용되고 있는 주요 피뢰이론(lightning protection theory)을 보면 다음과 같다.

2.1 흡인공간법

기존에 적용하고 있던 피뢰이론으로 보호각법이라고도 한다.
흡인공간법의 개념도를 [그림 1-8]에 보인다.

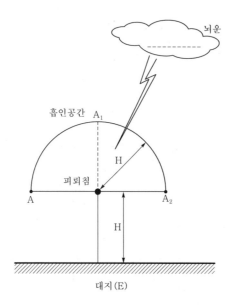

[그림 1-8] 흡인공간법의 개념도

지상에서 H의 높이에 피뢰침(프랭클린 돌침)이 설치되어 있는 경우에 피뢰 보호공간을 설정하는 이론이다.

흡인공간법의 개념도에서 지상높이 H를 뇌격 선단으로 하면 피뢰침 상부 반구공간 A, A₁, A₂ 공간 내에 뇌격 선단이 침입하는 경우에 이 뇌격은 피뢰침에 흡인되어 방전되는 것으로 가정하는 이론이다. 이 경우 피뢰침 상부의 반구공간이 흡인공간이 된다.

흡인공간법에서 피뢰침 선단을 기준으로 보호공간을 설정하여 보호각 약 45°로 되면 직격 뢰로부터 보호되는 것으로 설정하고 있다. 그러나 보호효과를 고려하여 30° 또는 60°를 적용하는 경우도 있다.

그러나 이 피뢰이론에 의한 보호각 이내의 물체에 낙뢰하는 경우가 다수 발생하여 이 피뢰이론은 점차 적용성을 잃어가고 있다.

2.2 회전구체법 (rolling sphere method)

회전구체법은 IEC 1024−1, CENELEC/EN V 61024−1, NF C 17102, BS 6651, NFPA 780 등에 적용되어 있으며 국제적으로 인정되어 있는 피뢰보호이론이다.

이 이론은 전기 기하학적 모델(electro-geometrical model)에 입각하여 보호평면별 유효 보호반경을 설정하여 보호공간을 확보하는 방식이다.

즉, 뇌격거리를 반경으로 하는 회전구체를 대지 또는 대지상의 건축구조물 등에 근접시켜서 전방향으로 회전하도록 상정하고, 이 회전구체가 피뢰보호설비 또는 대지상의 건축구조물 등에 접촉하는 경우에 이 접촉지점을 포함하는 수직선과 회전구체의 원주 및 접촉지점 높이 만큼의 하부 수평선으로 포위되는 공간이 뇌격으로부터 유효한 보호공간이 되는 것이다.

[1] 전기 기하학적 모델 (electro geometrical model) 의 적용

회전구체법의 피뢰이론 개념은 전기 기하학적 모델을 적용하면 쉽게 이해할 수 있다. 뇌격의 가상 회전구체도에 대한 전기 기하학적 모델의 개념도를 [그림 1−9]에 보인다.

전기 기하학적 모델의 가상 회전구체도에서 뇌격 메커니즘(mechanism)은 다음과 같다. 대지 또는 지상의 물체에서 발생하여 하강 리더를 향해서 상승하는 상승 리더의 전진거리가 뇌격거리 D이며, 뇌격전류의 크기에 의해서 결정되고 일반적으로 약 100 m 정도이다.

뇌격 지점은 가상 대상물이 평탄한 대지가 되어도 하강 리더에서의 거리인 뇌격거리 D 이내의 제1 물체로 결정된다.

따라서, 하강 리더의 선단은 반경이 뇌격거리 D인 구체의 중심이 되고, 이 구체는 하강 리더와 더불어 일정 경로를 따라서 하강하며 대지에 접근한다.

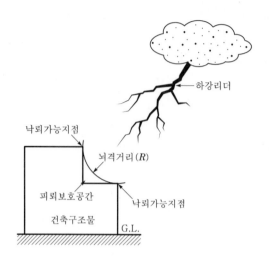

[그림 1-9] 뇌격의 가상 회전구체도

이 구체가 최초에 도달하여 접촉하는 지점이 뇌격 지점이 된다.
여기서, 뇌격거리 D는 다음 식으로 표현된다.

$$D = 10 \cdot I^{2/3} \text{ (m)}$$

단, I는 최초의 회귀성 뇌격전류의 최고값이다.

[2] 회전구체법에 의한 피뢰 보호공간

회전구체법에 의한 피뢰 보호공간의 개념도를 [그림 1-10]에 보인다.

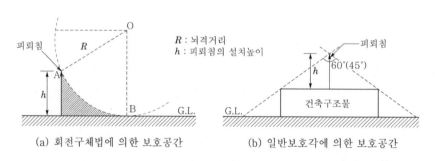

(a) 회전구체법에 의한 보호공간   (b) 일반보호각에 의한 보호공간

[그림 1-10] 회전구체법에 의한 보호공간의 개념도

회전구체법에서는 회전구체를 대지 또는 지상의 돌출 물체에 근접시켜서 전방향으로 회전하도록 상정한다.

단순 피뢰침(프랭클린 돌침)의 경우, 전기 기하학적 모델에 의거하여 평지 대지를 포함하여 하강 리더로부터 뇌격거리 D에 위치한 지상의 최초의 접촉물체에 의해 뇌격 지점이 결정된다. 뇌격 지점과 상승 또는 하강 리더와의 접촉 지점이 뇌격거리 D가 된다. 뇌격거리는 또한, 상승 리더의 발달거리로 간주된다. 그러므로 반경 D가상 구체가 하강 리더의 전단부에 중심을 위치하고 직선적으로 진행하는 형태로 나타난다.

기준면(지표면, 건물 지붕면 등)에 대해서 높이 h의 단순 피뢰침을 고려하면 3종류의 가능성이 발생한다.

- 가상 구체가 수직 피뢰침(A)만을 접촉하는 경우, 수직 피뢰침 선단 A점이 뇌격 지점이 된다.
- 가상 구체가 기준면을 접촉하고 수직 피뢰침을 접촉하지 않는 경우, 뇌격 지점은 대지점 S가 된다.
- 가상 구체가 기준면 및 수직 피뢰침 양측을 접촉하는 경우, 2개소의 뇌격 지점, 즉 A 및 C점이 발생한다. 그러나 이 경우에 뇌격 방전은 빗금 부분을 저촉하지는 않는다.

그러므로 회전구체법에 의한 보호공간의 개념도에서 빗금 부분만을 완전한 보호범위로 설정하는 것이 가능하며, 이것이 회전구체법의 피뢰 보호공간이 된다. 즉, 이 보호공간은 직격뢰를 받지 않는 것이다.

[3] 피뢰설비에 대한 회전구체법의 적용

회전구체가 피뢰설비(피뢰침, 메시 케이지 등)에 접촉하고 전체 피보호 물체에 접촉하지 않으면 이 보호설비는 뇌격에 대해서 유효하다. 반대로, 접촉하는 경우에는 전체 피보호 물체에 회전구체가 접촉하지 않도록 보호설비를 변경하여 설치하여야 한다. 뇌격에 대해서 완전하게 보호하기 위해서는 전체 피보호 물체를 이 보호공간 내에 들어가게 하여야 하며 다수 본의 피뢰침을 설치하는 경우에는 각각의 보호공간의 합성공간 내에 들어가게 하여야 한다.

회전구체를 수직 돌침의 주변으로 회전시키는 경우에 뇌격으로부터 보호되는 공간이 제한된다. 이 보호공간이 보호 콘(protected cone)이 되고 다수 본의 돌침을 설치하는 경우에는 각각의 보호 콘의 합성공간이 된다.

실제적으로 일반 피뢰침 설치시에 보호각에 의한 보호공간 내의 구조물 측면에 낙뢰한 사례가 다수 있으며, 이는 회전구체법의 적용 필요성이 실제적으로 입증된 것이다.

[4] 회전구체법에 의한 프랭클린 돌침의 보호공간 축소

프랭클린 돌침에 회전구체법을 적용하면 설치높이에 따라 보호공간이 상당히 축소된다. 이 축소 보호공간을 다음의 [표 1−2]에 보인다.

[표 1-2] 회전구체법에 의한 프랭클린 돌침의 보호공간(IEC1024-1)

보호등급	뇌격거리 (m)	보호각(°)			
		20 m 높이	30 m 높이	45 m 높이	60 m 높이
I	20	25	−	−	−
II	30	35	25	−	−
III	45	45	35	25	
IV	60	55	45	35	25

이 회전구체법은 어느 피뢰돌침에도 다 적용할 수 있는 방식이다.

2.3 포집공간법(collection volume method)

포집공간법은 NZS/AS 1768에 적용되어 있는 것으로 호주, 뉴질랜드 등의 영연방 지역에서 적용되고 있다.

이 포집공간법 피뢰이론은 Dr A. J. Eriksson의 연구결과에 기초한 이론이다.

해당 지역의 뇌격 관련 제반자료(건축구조물 자료, 뇌운의 위치, 뇌운의 전하밀도, 뇌격강도, 기타 주변환경/기후/대지 관련자료 등)에 기초하여 뇌격양상을 모의(simulation)하고, 그 결과에 의거하여 피뢰 보호공간을 설정하는 방식이다.

즉, 뇌운으로부터의 하강 리더와 대지상 건축구조물 등의 상부의 피뢰침 및 주변대지로부터의 상승 리더에 대해서 각각의 전진속도를 설정하여 이를 모의(simulation)한다.

그 결과 하강 리더가 대지로부터의 상승 리더와 먼저 접촉하는 지점을 모두 연결하여 형성되는 건축구조물 상부의 포물선 내부 공간은 하강 리더가 피뢰침으로부터의 상승 리더와 우선적으로 접촉하게 되므로 이 포물선들의 내부 공간은 뇌격으로부터 보호된다고 가정하는 것이다.

그러므로 설계 자체가 대부분 가상 설정된 자료에 의해 수행되며 수행모의(simulation) 결과에 대한 실제적 입증이 필요하다.

[1] 포집공간(collection volume) 이론

포집공간의 개념은 하강 리더의 접근을 고려하면 이해될 수 있다. 뇌격거리의 반구(striking distance hemisphere) 개념도를 [그림 1-11]에 보인다.

하강 리더를 따라서 분산 배치되어 있는 전하(Q)는 자체와 대지의 돌침 사이에 급속한 전계의 증가를 유발한다.

이 전계가 임계 전계값에 도달하면 대지 돌침은 상승 리더를 발진시킨다. 이 상승 리더의 진행거리가 뇌격거리가 된다.

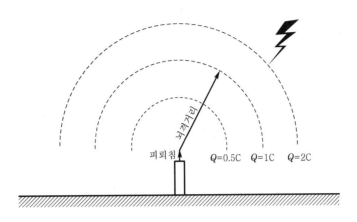

[그림 1-11] 뇌격거리의 반구 개념도

임계전계는 리더 전하와 대지 돌침에서의 거리 양자에 의해 결정된다. 그리고 리더 전하가 클수록 뇌격거리는 커진다.

실제로 뇌격거리 반구를 설정하는 것은 상당히 어렵다. 왜냐하면 접근 리더의 상대적인 속도를 고려해야 하기 때문이다.

뇌격거리의 반구 개념도에서 하강 리더가 반구의 주변에 있으면 하강속도가 있으므로 다른 상승 리더를 접촉하도록 전방으로 이동될 것이다. 이렇게 해서 하강 리더가 간섭 없이 뇌격거리 반구에 진입하는 것이 가능하다.

포물선(parabola) 제한 포집공간 및 뇌격거리 반구도를 [그림 1-12]에 보인다.

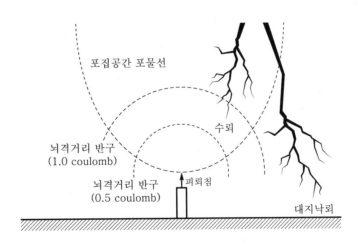

[그림 1-12] 포물선 제한 포집공간 및 뇌격거리 반구도

포물선 제한 포집공간 및 뇌격거리 반구도에서 제한 포물선이 반구 위에 위치하고 있다. 이 포물선은 리더의 속도에 의해서 결정되고 포집공간을 설정한다.

즉, 이 포물선 제한 공간에 진입하는 하강 리더는 대지 돌침과 접촉하는 것이 이론적으로 확실하다는 것이다.

또한, 포집공간은 리더 전하의 증가에 따라 커진다. 즉, 뇌격전류가 클수록 포집공간이 커진다는 것이다.

[2] 포집공간법 (collection volume method) 의 적용

포집공간법에서는 통계적으로 도출된 제반 뇌격정수를 적용하여 수행된다. 그리고 포집공간의 크기는 뇌격전류의 최고값에 의해서 결정된다. 또한, 뇌격전류의 최고값은 설정된 보호 레벨에 의해서 결정된다.

포집공간 모델에서는 구조물상의 모든 노출부는 뇌격 가능 지점으로 간주하고 자연적 포집공간을 제공하는 것으로 고려한다.

포집공간법의 적용은 컴퓨터 프로그램에 의해 수행된다. 이 프로그램에서는 각 단계에서의 해당 전계강도를 평가하고 대상 돌출부의 전계강화를 비교한다. 그리고 이 프로그램에서는 어느 지점(돌출부)이 하강 리더를 접촉하게 되는 상승 리더를 가장 먼저 생성시키는지를 평가한다.

즉, 주방전의 회귀성 뇌격은 상승 및 하강 리더의 경로를 따르는 것을 고려하여 수행하는 것이다. 최종적으로 각 해당 지점에서의 포집공간을 설정한다.

등가 확률 궤적 및 구체면에 의한 포집공간도를 [그림 1-13]에 보인다.

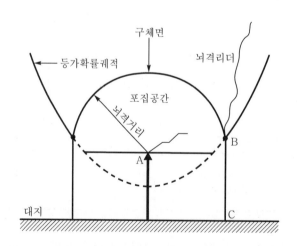

[그림 1-13] 등가 확률 궤적 및 구체면에 의한 포집공간도

다수의 피뢰침에 의해 수행되는 포집공간 설계 개념도를 다음의 [그림 1-14]에 보인다.

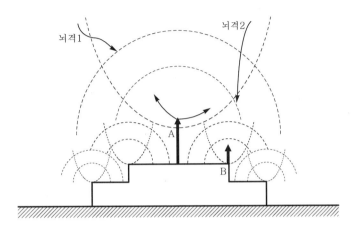

[그림 1-14] 다수의 포집공간 설계 개념도

이 포집공간법은 어떤 방식의 피뢰 돌침에도 적용할 수 있는 피뢰이론이다.

2.4 방산배치법 (dissipation array method)

해당 지역의 뇌격 관련 제반조건(뇌운의 전하밀도, 전계밀도, 대지/주변 구조물 등의 제반자료)을 입력, 모의(simulation)하여 전하방산장치(미세침 또는 도전성 띠 형태)를 전기기하학적으로 배치하고 접지하여 주변의 코로나 방전에 의거하여 뇌운의 전하를 방산, 소멸시키는 방식이다.

즉, 강전계 속에서 미세침 형태의 첨단부는 주변의 공기분자를 이온화하여 전자를 방산하며, 이 첨단부의 전위는 주변전위보다 약 $10\,\mathrm{kV}$ 정도 상승한다. 이 경우 자연방전에 의해서 미세침 주변의 전하가 소거되고 공기분자로 전이된다.

현재 일부 배전선로 등에서 시험중이다. 이 방산배치법 피뢰 시스템 이론은 Dr. R. B. Carpenter, Jr.의 연구결과에 기초한 이론이다.

[1] 방산배치법의 원리

방산배치법은 점전하 방전(point discharge) 및 코로나 방전(corona discharge) 원리를 이용한 방식이다.

즉, 점전하 방전은 대전환경에서 방전 전극이 가늘수록 코로나 방전이 더 쉽게 발생한다. 그러므로 다수 개의 미세침 전극에 의해 대지전하의 축적(대지전위 상승)분을 방산시켜 낙뢰를 억제할 수 있는 원리를 이용하는 방식이다.

이 방식에서는 대지에 대전된 전하의 일부를 대기 중에 분산시켜 전하의 형성을 억제하여 뇌격 확률을 경감시키는 방식이다. 방산배치법의 개념도를 다음 [그림 1-15]에 보인다.

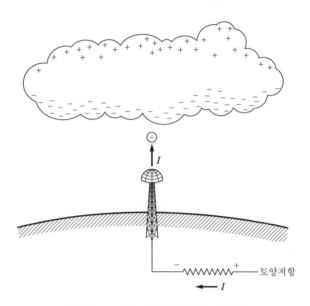

[그림 1-15] 방산배치법의 개념도

방산배치법은 점전하 방전, 즉 정전원리를 이용하는 전하방산장치(ionizer)를 적용하는 방식이다. 점전하 방전은 침형태의 첨단부가 약 10 kV를 초과하는 전위의 정전계 속에 존재하는 경우에 공기분자가 이 첨단부로부터 전하를 취하는 현상이다. 이 이온화 과정은 첨단부로부터 주변 대기 속으로 전류의 흐름을 생성한다.

뇌격환경하에서 이 이온화 전류는 완전한 뇌격 조건의 대지 위 고도 1 m당 30 kV의 높은 레벨에 도달하는 뇌격 정전계와 더불어 지수함수적으로 증가한다. 뇌격 전계에 의해 유도된 전하는 피보호 공간에서 제거되고 공기분자로 전이된다. 이 대전된 분자는 해당 공간에서 제거되고 뇌격 셀(cell)과 이 분자 사이에 공간전하를 형성하며, 이 현상은 전계에 의해 가속되어 간다. 공간전하에 의한 차폐효과는 대기 물리학 이론에 의해 입증되어 있다.

즉, 뇌격환경의 정전계는 적정한 공간전하에 의해서 1 m당 20 kV 이상 감소될 수 있다는 것이다.

방산배치법에 의해 생성된 공간전하는 이 공간전하량을 초과하도록 구성된다. 이렇게 해서 해당 지역의 공간은 직격뢰로부터 벗어나게 된다. 즉, 뇌운에 의해 유도된 전하의 대부분이 제거되어 공기분자로 전이되어 버려서 이는 결과적으로 패러데이 차폐(Faraday shield) 기능을 수행하는 중개 공간전하를 형성하기 때문이다.

현재 이 방산배치법은 NFPA 규격 위원회에 신청을 하였으나, 이론을 입증하는 실험 및 기술적 데이터를 보완하도록 권고되어 있다.

[2] 방산배치법의 적용

방산배치법의 보호범위는 전하방산장치(ionizer)의 설치높이(H)를 반경으로 하는 반구형 공간이 된다. 방산배치법의 보호범위 개념도를 [그림 1-16]에 보인다.

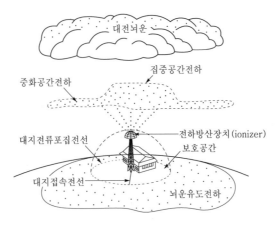

[그림 1-16] 방산배치법의 보호범위 개념도

방산배치법은 전하이동 시스템으로 볼 수 있다. 피보호 구조물의 어느 물체도 전하를 축적하지 않으므로 가상의 집중 전하를 반구의 지표 중심에 위치시켜 이 중심에서의 전하방산이 반구형태가 되므로 이를 보호공간으로 간주한다.

공간 전하층의 효과를 고려하지 않아도 전하방산장치의 전하방산에 의해 주변의 전계는 충분히 완화되는 것으로 간주하고 있다. 따라서, 전하방산장치의 설치높이의 반구공간을 보호공간으로 본다.

최신 피뢰방식

주요 피뢰이론에는 흡인공간법, 회전구체법(rolling sphere method), 포집공간법(collection volume method), 방산배치법(dissipation array method) 등 다양한 이론이 있다. 피뢰방식 또한 각각의 적용 피뢰이론에 따라 제작, 설치되고 있다.

최근 기존의 피뢰 돌침(franklin rod) 또는 에어 터미널(air terminal) 방식을 벗어난 다양한 방식의 신형 피뢰방식이 도입 설치되고 있다.

즉, 회전구체법을 적용하고 스트리머를 선행 방사하는 능동형 선행 스트리머 방사형 피뢰침(early streamer emission type lightning conductor), 포집공간법을 적용하는 반구형

(sphere) 피뢰침, 전하 방산법을 적용하는 방산배치형 피뢰침(dissipation array system) 등이 도입되고 있는 것이다. 이에 최근의 이러한 신형 피뢰방식의 특성과 적용에 대하여 기술한다.

3.1 회전구체법 적용 피뢰침 (lightning conductor with rolling sphere method) 선행 스트리머 방사형 피뢰침 (ESE ; Early Streamer Emission type)

직격뢰에 대한 피뢰보호 방식으로 일반의 피뢰침 설비가 널리 설치되어 있으나 완전한 피뢰 보호공간이 확보되지 않기 때문에 보호공간 내에서도 실제적인 낙뢰사고가 다수 발생하고 있다. 이에 대해서 광범위한 보호공간을 확보하고 더욱 완벽한 능동적 보호성능을 가지는 피뢰침 설비가 요구되어 왔다.

최근 기존의 수동형 및 협소 보호범위의 피뢰침 설비와는 다른 광역 보호범위의 능동형 선행 스트리머 방사형 피뢰침 설비가 개발되어 다양한 장소에 설치되고 있다. 이에 피뢰침의 기본원리를 기준으로 최신의 광역, 능동형, 선행 스트리머 방사형(ESE) 피뢰침의 동작원리, 보호특성 등에 대하여 기술한다.

이 ESE 피뢰침 이론은 Dr. G. Berger(CNRS-Supelec) 및 Dr. C. Gary(Electricite de France)의 연구결과에 기초하고 있다.

[1] 피뢰침의 기본원리

뇌격시에 뇌운과 피뢰도체 또는 지상의 다른 구조물 또는 돌출물과의 사이에 발생하는 뇌격현상에 대한 피뢰침의 기본 동작원리도를 다음의 [그림 1-17]에 보인다.

뇌운이 형성되면 지상의 대기 중 전계는 $10\,kV/m$ 이상으로 상승한다. 그리고 지상의 어떤 구조물 또는 돌출물에 코로나(corona) 효과가 나타난다. 뇌격은 뇌운 내에 리더(leader)를 형성하기 시작하고 이것은 대지를 향해 단계적으로 전진한다.

리더가 뇌운으로부터 대지로 전진하는 동안에 코로나 효과에 기인한 이온화(ionization)가 지상의 어떤 구조물이나 돌출물의 상부에서 상승 리더로 성장하기 시작한다. 이것이 피뢰도체의 선단에서 일어나는 현상이다. 이 상승 리더는 뇌운을 향해 전진하면서 하강 리더의 경로를 변경시킬 수 있는 충분한 전계를 생성한다.

이후, 곧 상승 리더는 하강 리더와 접촉하게 되고 이어서 뇌격이 발생하며 뇌격전류가 지상으로 흐르게 된다. 즉, 하강 리더와 접촉하게 되는 최초의 상승 리더에 의해 뇌격 지점이 지정된다. 다수의 상승 리더가 지상의 구조물 또는 돌출물로부터 생성될 수 있다.

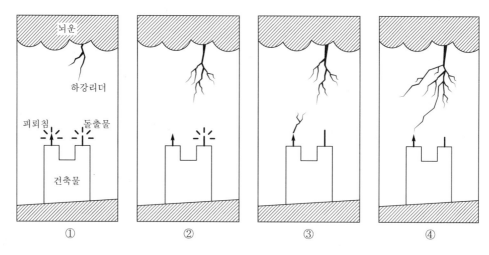

[그림 1-17] 피뢰침의 기본 동작원리도

[2] 선행 스트리머 방사방식 (early streamer emission type)

(1) 기본 동작원리

선행 스트리머 방사형(ESE ; Early Streamer Emission) 피뢰침에서는 내부장치에 의해서 다량의 이온(ions)을 대기중으로 방사한다. 실제로, 뇌운중에 전계의 전파조건이 충족되면 내부장치는 초기에 먼저 상승 리더(leader)를 발생시키고, 이것이 접근하는 하강 리더에 최초로 접촉하게 된다.

(2) 선행 방사거리 이득

프랭클린 돌침 방식의 전기 기하학적 모델을 [그림 1-18], ESE 피뢰침 방식의 전기 기하학적 모델을 [그림 1-19]에 보인다.

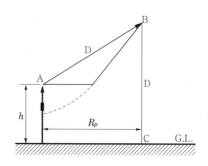

[그림 1-18] 프랭클린 돌침 방식의 전기 기하학적 모델

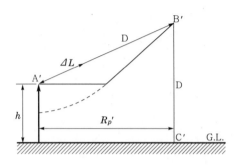

[그림 1-19] ESE 피뢰침 방식의 전기 기하학적 모델

선행 방사거리(시간) 이득은 ESE 피뢰침의 특성이며, 이것은 고전압 시험에 의해서 직접 결정된다. 효과적인 ESE 피뢰침은 정극성(+)의 선행 방사시간($+\Delta T$)을 나타낸다. 동일한 순간에 프랭클린 돌침에 의해 생성된 상승 리더는 돌침 선단의 상부로부터 거리(D) 만큼 되는 곳에 도달하고 ESE 피뢰침에 의한 상승 리더는 ESE 피뢰침의 선단 상부로부터 거리($\Delta L+D$) 만큼 되는 곳에 도달한다.

상승 리더는 평균속도로 하강 리더를 향해 전파, 전진한다. 선행 전진시간 및 거리이득 사이의 관계는 다음 식과 같다.

$$\Delta L = V \cdot \Delta T$$

여기서, ΔL : 선행 전진거리 이득(m)
  V : 상승 리더의 평균속도(m/s)
  ΔT : 선행 방사시간 이득(s)

(3) 보호특성

여기에서는 ESE 피뢰침 방식의 보호특성, 즉 보호반경에 대해 서술한다.

동일조건하에 설치된 프랭클린 돌침과 비교하여 극성을 가지는 피뢰침의 보호반경을 검토한다. ESE 피뢰침 방식의 보호반경 개념도를 [그림 1-20]에 보인다. ESE 피뢰침의 여기전진은 피뢰침도체의 가상높이 증가분으로 유효 선행 방사거리(ΔL)는 다음 공식으로 구해진다.

$$\Delta L = V \cdot \Delta T$$

여기서, V : 평균 뇌격속도(m/s)
  ΔT : 선행 방사시간의 유효한 정극성(+)의 이득(s)

ESE 피뢰침의 보호반경은 회전구체법에 의한 보호반경 계산 및 실험 결과값을 적용하여 결정된다. 즉, ESE 피뢰침의 보호반경은 설치높이가 높아질수록 실제적인 보호반경이 감소된다.

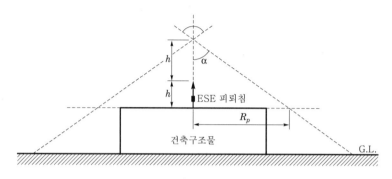

[그림 1-20] ESE 피뢰침 방식의 보호반경 개념도

일반 프랭클린 돌침 방식과 ESE 피뢰침 방식의 보호반경의 설정 및 기본원리를 비교하면 다음과 같다.

프랭클린 돌침 방식	ESE 피뢰침 방식

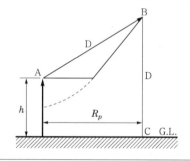 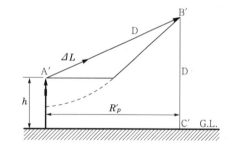

- 프랭클린 돌침 방식

$$R_p = \sqrt{h(2D-h)}$$
$$D = 10 \cdot I^{2/3}$$

여기서, R_p : 보호반경(m)
$\quad D$: 뇌격거리(m)
$\quad I$: 최초의 회귀성 뇌격의 최고값 전류(kA)
$\quad h$: 피뢰침의 최상단 높이(m)

- ESE 피뢰침 방식

$$R_p' = \sqrt{h(2D-h) + \Delta L(2D + \Delta L)}$$

여기서, R_p' : ESE 피뢰침의 보호반경(m)
$\quad D$: 뇌격거리(m)
$\quad h$: 보호평면으로부터 ESE 피뢰침의 최상단 높이(m)
$\quad \Delta L$: 상승 리더의 거리이득(m)
$\qquad (\Delta L = V \cdot \Delta T)$
$\quad V$: 평균 뇌격속도(m/s)
$\quad \Delta T$: ESE 피뢰침의 선행 방사이득(s)

이상의 비교결과에서 $R_p' \gg R_p$, 즉 R_p'가 R_p보다 매우 크다는 것을 알 수 있다.

(4) ESE 피뢰침의 동작환경 특성

평상시에 ESE 피뢰침은 동작하지 않으므로 유도장해 또는 전자파의 발생이 없으며, 뇌격 흡인시에도 단지 이온(ion)을 생성할 뿐이며 전기적 방전은 없으므로 전자파의 발생은 없다.

그리고 ESE 피뢰침은 주변 대기 중의 정전하를 대지로 흡수시키는 대기 중 정전하 소거작용을 한다.

즉, 무선전송 등에 더욱 양호한 환경을 만들어 주게 되는 것이다.

[3] 선행 스트리머 방사형 피뢰침 (ESE lightning conductor)

최신의 선행 스트리머 방사형 피뢰침의 예로 성-엘모(Saint-Elmo) 압전형 ESE 피뢰침의 제반특성을 서술한다.

성-엘모 피뢰침은 선행 스트리머 방사형(early streamer emission type) 및 압전여기 방식(piezoelectric exciter system)의 뇌격 흡인식 최신 피뢰침이다.

이 피뢰침은 프랑스 표준 NF C 17102의 기준에 일치하는 고효율, 자급형, 단순구조 형태의 피뢰침 방식이다.

참고로 성-엘모 현상(Saint Elmo's fire)은 폭풍우 및 뇌우시의 밤에 선박의 마스트(mast) 또는 비행기의 날개 등에 나타나는 불꽃방전 현상이다.

(1) 기본 원리

이 피뢰침은 피보호 건축물에 일치하여 생성된 등전위면을 변경하여 동작되며, 피뢰침의 설치위치는 뇌격시 전계증가에 중요한 요소로 작용한다. 성-엘모 압전형 ESE 피뢰침의 기본원리는 다음의 주요 요소에 기초하고 있다.

- 뇌격시, 전계의 강화
- 코로나(corona) 효과의 여기 및 생성
- 코로나 방전의 발달에 양호한 조건 생성

(2) 구조 및 구성

성-엘모 압전형 ESE 피뢰침은 다음의 주요부로 구성된다.

① 포착부 (sensors)

포착부는 상부의 돌침 첨단부와 이의 연장부로 공기의 강제순환이 양호하게 발생되는 종단면 구조형태와 양질의 도체로 구성되어 있으며, 공기순환 구조는 벤투리(venturi) 시스템으로 공기흡입 및 방출구조로 되어 있어 공기의 강제순환을 매우 용이하게 하는 구조로 되어 있다([그림 1-21] 참조).

② 변환부 (transducer : 압전여기 장치)

변환부는 지지주의 하부에 내장되고 절연함 속에 장착된 응력이 가해진 압전형 세라믹의 조합으로 구성되며, 이 압전여기 장치와 방출 첨단부(points)는 지지주 내부에서 고압 케이블로 접속된다([그림 1-22] 참조).

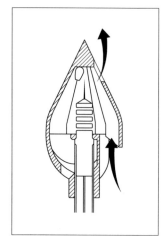

[그림 1-21] 센서부

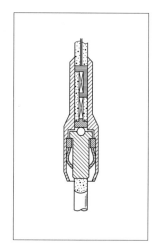

[그림 1-22] 변환부

③ 지지주 (support)

지지주에는 절연 슬리브가 삽입되어 있고 유동전위가 인가되는 1개 또는 그 이상의 스테인리스 스틸(stainless steel)제의 이온(ion) 방출 첨단부가 최상부에 설치되며 화학처리 동 또는 철제로 되어 있다.

지지주는 포착부와 함께 대지 전위에 접속되어 뇌격이나 기후에 의한 직접 소손으로부터 보호된다.

(3) 동작원리

성-엘모 압전형 ESE 피뢰침은 변환장치인 전기쌍극자 구조(분극)의 압전 세라믹이 뇌격 접근시에 주변전계의 영향을 받아 전하를 포착하고 피뢰침 지지주의 미세한 공명진동의 영향을 받아 발진하면 압력이 증가하여 고전압(20~25 kV)을 발생시킨다.

이 고전압은 고압 케이블로 접속된 피뢰침의 선단부를 고전위로 인가시키고 첨단부에서 다량의 이온(전하)을 방사하여 동작한다. 성-엘모 압전형 ESE 피뢰침의 외형도를 [그림 1-23]에 보인다.

이 ESE 피뢰침의 동작원리도는 다음 [그림 1-24]와 같다.

[그림 1-24] ESE 피뢰침의 동작원리도

(4) 동작특성

성-엘모 압전형 ESE 피뢰침의 주요 동작특성은 다음과 같다.

① 압전 여기 시스템 (piezoelectric stimulation system)

압전 세라믹(piezoelectric ceramics)은 수정 구조체이며, 초기에 강한 분극전계에 일치시켜 일정 방향으로 응력이 가해진 전기쌍극자 구조이며, 매우 견고한 물질인 지르코늄(zirconium)산염으로 구성되고, 이들의 중간부분은 전극등급 니켈의 세밀층으로 덮여 있다.

이 세라믹은 발진동작으로 간단히 압력을 증가시켜 고전압(20~25 kV)을 생성하며, 이 전압 레벨은 소요이온을 생성하는데 필요한 것보다 매우 높은 값이 된다.

피뢰침 자체와 최소의 난류, 지주의 공명에 의한 진동효과 및 자극(여기)장치에 인가된 사전 응력의 조합에 의한 강력한 동작결과로 압전 여기 시스템에는 많은 가역효과 응력이 얻어진다.

방출 첨단(points)은 전기적으로 변환부에 접속되어 있으므로 고전위가 인가되며 다량의 이온을 방사한다(2.5~6.5 kV에서 7.651^{10} ions).

이 방사효과는 벤투리 효과(venturi effect)와 발진, 생성되어 이온화된 포착부 부근의 대기흐름 및 이의 전파에 의해 수행된다.

이 ESE 피뢰침은 압전 펄스(piezoelectric pulse)의 양극성에 기초하며 정극성(+) 및 부극성(-)의 뇌격 모두에 동작 유효하다.

② 코로나 효과 (corona effect) 의 여기시간 감소

이 ESE 피뢰침의 압전 이온화 시스템은 코로나 효과, 타운젠트 애벌란시 효과(townsend avalanche effect)의 생성시간을 감소시

[그림 1-23] 성 엘모 압전형 ESE 피뢰침의 외형도

킨다.

최근 Mr. N. L. Allen, Mr. T. E. Allibone 및 Mr. D. Dring은 연구에 의해서 자연 이온화 밀도($150 \sim 1100 \, \text{ions/cm}^2 \sim 8000 \, \text{ions/cm}^2$)를 높임에 의해서 이 시간을 50%까지 줄이고 이온밀도가 높아질수록 이 지연은 지속적으로 감소하는 것이 입증되어 있다.

③ 브레이크다운 (breakdown) 전위의 감소

전극 주변의 대기이온밀도의 인공적인 증가는 브레이크다운 전위의 감소를 촉진한다. 최근 Mr. G. Rumede는 연구결과로 다음의 요인들에 의한 브레이크다운 전위의 감소촉진이 입증되어 있다.

- 지역전계의 증가
- 포획 첨단부에서 시드(seed) 전자의 존재
- 피뢰침의 연장선 내에 증가하는 이온화된 대기 채널의 생성

코로나 효과의 트리거(trigger) 초기조건에서 여기시간 지연 및 코로나 방전의 상승속도를 감소시켜 이러한 효과적 동작이 수행된다.

(5) 보호특성

성–엘모 압전형 ESE 피뢰침의 주요 보호특성은 다음과 같다.

① 우선 포착

낮은 정전계의 값에서 여기(exciting)를 증진시키는 성능이 클수록 피뢰침의 우선 포착 가능성이 커지며, 이 성능은 피보호 건축물과 다른 지점과 비교하여 상대적으로 우선 포착 효과를 크게 한다. 그러므로 성–엘모 피뢰침은 단지 단거리($D = 10 \cdot I^{2/3}$)만 간섭 포착할 수 있는 기존의 일반 피뢰침과 비교하여 낮은 방전강도($2 \sim 5 \, \text{kA}$) 중에서도 매우 우수한 우선 포착 성능을 수행한다.

② 광역 보호공간

피뢰침의 보호공간은 전기 기하학적 모델에 의해 이론적으로 구해진다. 이것은 실제적으로 높이가 낮은 경우에는 최고 정점이 피뢰침의 최첨단이 되는 원추에 해당된다.

프랑스 표준, NF C 17102에서는 선행 스트리머 방사형(ESE ; Early Streamer Emission) 피뢰침에 대하여 다양한 가혹도인 보호레벨, N_b(Level Ⅰ~Ⅲ)를 설정하도록 하고 있다. 이것은 각각의 경우에 있어서 사전 뇌격 위험도의 평가에 의하여 결정된다. 이 보호레벨은 가혹도의 정도에 따라서 선정되는 피뢰침의 평균 선행 여기거리(ΔL) 및 여기거리(D)의 함수로 보호반경(R_p) 및 설치기준을 결정하게 한다([그림

1-25] 참조).

보호레벨에 의거한 여기거리(D)는 다음과 같다.

$$D(\mathrm{I}) = 20\,\mathrm{m}$$
$$D(\mathrm{II}) = 45\,\mathrm{m}$$
$$D(\mathrm{III}) = 60\,\mathrm{m}$$

이 ESE 피뢰침에 대해서 각 보호평면의 경우에 피뢰침의 실제 높이(h)에 따른 3종류의 보호레벨(N_p)에 따른 보호반경(R_p)의 값은 NF C 17102에 의거한다.

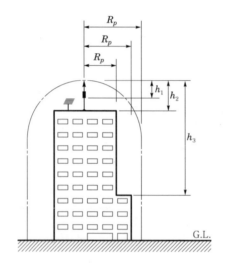

[그림 1-25] ESE 피뢰침의 보호반경 개념도

[4] 피뢰보호 방식의 비교

건축구조물의 외부 피뢰보호 방식에 있어서 기존의 대표적인 피뢰보호 방식과 최신의 신형 ESE 피뢰침에 대해서 피뢰이론, 보호공간, 동작원리, 구조 및 제반 설치사항을 포함한 기술적 특성 등을 비교한다.

(1) 기존 및 신형 피뢰보호 방식의 비교

① 프랭클린 돌침 / 메시 케이지 / ESE 피뢰침 방식의 비교

기존의 대표적 피뢰보호 방식인 프랭클린 돌침 방식과 메시 케이지(수평도체 포함) 방식과 최신의 ESE 피뢰침 방식을 기술적 특성 및 경제성 면에서 비교하면 [표 1-3] 과 같다.

[표 1-3] 피뢰보호 방식의 비교

순번	항 목	일반 피뢰돌침 방식 (Franklin rod)	메시-케이지 방식 (meshed cage) (수평도체 방식 포함)	선행 스트리머 방사형 피뢰침 방식 (ESE lightning conductor)
1	피뢰보호원리	• 패러데이(Faraday)의 원리	• 패러데이(Faraday)의 원리	• 선행 스트리머 (이온전하) 방사원리
2	적용뇌격	• 직격뢰(단일극성)	• 직격뢰(단일극성)	• 직격뢰 (정극성, 부극성)
3	피뢰보호이론 (보호공간설정)	• 보호각(45°, 60°) 적용 • 회전구체법에 의거하면 보호각 내의 공간이 완전히 보호되지 못함. 즉, 설치높이가 높을수록 보호각이 매우 좁아짐.	• 보호각(45°, 60°) 적용 • 회전구체법에 의거하면 보호각 내의 공간이 완전히 보호되지 못함. 즉, 설치높이가 높을수록 보호각이 매우 좁아짐.	• 전기 기하학적 모델에 의거한 보호반경 적용 • 회전구체법 적용 (rolling sphere method)
4	적용표준 (codes & standards)	• KS C 9609 • JIS A 4201 • NFPA 780 • IEC 1024-1 • CENELEC /EN V 61024-1 • NF C 17100	• KS C 9609 • JIS A 4201 • IEC 1024-1 • CENELEC /EN V 61024-1 • NF C 17100 • BS 6651	• NF C 17102 (회전구체법 및 ESE 피뢰침) • NFPA 780 (회전구체법) • IEC 1024-1 (회전구체법) • CENELEC /EN V 61024-1 (회전구체법) • BS 6651(회전구체법)
5	보호공간	• 보호각 내의 공간 • 회전구체법이 적용되면 완전한 보호공간이 되지 못하며, 설치높이가 높을수록 보호공간이 매우 협소해짐. • 피보호 건물의 높이가 높으면(20m 초과) 실제 보호공간이 매우 협소해짐. • 보호각 내의 공간에서도 완전한 보호가 되지 않으므로 증강보호(평행도체 등) 필요	• 보호각 내의 공간 • 회전구체법이 적용되면 완전한 보호공간이 되지 못하며 설치높이가 높을수록 보호공간이 매우 협소해짐. • 피보호 건물의 높이가 높으면(20m 초과) 실제 보호공간이 매우 협소해짐. • 피보호 건물 자체에만 국한됨.	• 회전구체법에 의거하여 피보호 평면에 대해 설정된 보호반경 내의 공간 • 회전구체법에 적용된 완전한 보호공간 확보 • 건물의 높이와 관계없이 보호평면에서의 보호반경 적용 • 보호평면별 보호반경 내의 전체 범위에 걸쳐 광역으로 피보호공간이 설정됨.

순번	항 목	일반 피뢰돌침 방식 (Franklin rod)	메시-케이지 방식 (meshed cage) (수평도체 방식 포함)	선행 스트리머 방사형 피뢰침 방식 (ESE lightning conductor)
6	동작원리	자연발생의 상승리더 ↓ 뇌격흡인	자연발생의 상승리더 ↓ 뇌격흡인	전하포집 ↓ 고전압발생(20~25kV) ↓ 고전위인가 및 펄스발생 ↓ 선행 스트리머 방사 (이온방사) ↓ 뇌격흡인
7	내부구조	• 없음	• 없음	• 변환장치
8	외형구조	• 돌침부 • 지지대	• 피뢰도체 • 지지물	• 돌침(points) • 변환장치 • 지지대
9	설계방식	• 설계간단	• 건축구조물 형태를 고려한 피뢰도체 배치에 설계기술 필요	• 설계 간단 • 보호평면별 보호반경을 적용하여 설치위치 및 수량선정
10	설치방법	• 설치단순	• 건축구조물을 고려한 피뢰도체 설치 기술 필요	• 설치 단순(기존 피뢰침과 동일)
11	소요비용 • 동일 건축구조물 기준 (30 m×60 m ×20 m Ht) • 소요 피뢰도체 • 소요 인하도선 • 소요 접지개소	• 중저가 • 비용지수 : 1.0 (프랭클린 돌침 방식) • 다수 피뢰침 소요 : 소요 피뢰침수를 줄이려면 매우 높은 지지주가 필요하며, 시공이 상당히 어려움. • 다수 본 • 다수 개소	• 고가 • 비용지수 : 1.1 (수평도체 방식) • 다량의 평행도체 소요 (동 부재) • 다수 본 • 다수 개소	• 저가 • 비용지수 : 0.7 (ESE 피뢰침 방식) • 소수의 피뢰침 소요 : 보호공간이 매우 크기 때문임. • 소수본 • 소수 개소
12	공사기간	• 단기간 소요	• 장기간 소요	• 단기간 소요
13	인증서 및 시험 성적서 (certificate & test report)	• 없음	• 없음	• 공인 인증서 • 공인 시험 성적서
14	보증 (guarantee)	• 없음	• 없음	• 있음
15	설치사례	• 다수	• 소수	• 다수(국·내외)

② 프랭클린 돌침 / 수평도체 방식의 비교

다음으로 건축구조물의 완전보호면에서 피뢰돌침 방식과 수평도체 방식의 보호특성을 비교하면 다음과 같다.

피뢰돌침 방식과 수평도체 방식에서 완전 피뢰보호를 위해서는 공히 회전구체법(rolling sphere method)이 적용되어야 한다.

수평도체 방식은 건축물 상부의 돌출부, 모서리 등 낙뢰 가능 부분에 루프(loop) 형태로 설치되고, 보호범위(각)는 피뢰침과 동일하며, 원칙적으로 증강보호 방식에서 보조보호로 사용되는 방식이다. 그리고 수평도체 방식에서는 수평도체에 의해 보호가 불가능한 건축물 상부의 평탄한 부분에 낙뢰시의 뇌격에 의한 아크(arc), 섬락(flash) 등이 발생해도 문제가 없는 경우에 수평도체의 간격을 일정한 수평거리 간격(20 m)으로 시설하고 간이보호가 되는 것으로 간주하는 것이다. 그러므로 수평도체만에 의한 피뢰보호는 낙뢰시에 완전보호가 되지 않는 방식이다. 피뢰기준, NFPA 780에서는 수평도체만으로는 완전한 피뢰보호가 되지 않으므로 반드시 에어 터미널(air terminal)을 설치하도록 규정하고 있다.

③ 피뢰보호 방식의 선정

지금까지의 피뢰보호 방식 비교검토 결과에 의거하면 건축구조물의 완벽한 피뢰보호를 위해서는 완전한 메시 케이지(meshed cage) 방식 또는 회전구체법을 적용한 피뢰침 설비에 의해 보호가 수행되어야 한다. 즉, 기존의 일반적 피뢰보호 방식에서 일률적인 보호각 적용의 보호공간은 완전한 보호효과를 수행하지 못하며, 건축구조물의 높이가 높을수록(20 m 이상) 매우 협소한 보호공간만을 제공한다.

실제로 기존 피뢰침 설치시에 보호각(보호공간) 내의 건물 모서리에 낙뢰한 사례가 다수 있으며, 이는 회전구체법이 필수적으로 적용되어야 함이 명백하게 입증된 것이다. 또한, 수평도체 방식은 간이보호 방식으로 건축물의 완전한 보호효과를 제공하지 못하고, 시공 또한 쉽지 않으며 미관도 불량하고 메시 케이지 방식도 완벽한, 즉 매우 조밀한 메시(mesh)가 아니면 메시 도체 사이의 옥상 평면에는 낙뢰보호 효과가 없으며, 시공이 상당히 어렵고 미관 및 유지보수 또한 불리하다.

그러므로 중대형 건축구조물(고층 또는 대형건물 등)에는 회전구체법이 적용되고 완벽한 광역의 피뢰보호 효과를 수행하며 소요비용 또한 저가인 최신형의 ESE 피뢰침을 설치하는 것이 완전한 피뢰보호 수행면에서 합당하다고 판단된다.

(2) 최신형 피뢰 방식의 비교

다음으로 최신의 피뢰보호 이론에 의한 신형 피뢰침 설비에 대해 그 특성을 비교하여 적용 피뢰보호 설비의 선정기준을 정립한다.

① 최신형 피뢰침 설비의 특성

현재 국내에 보급되고 있는 주요 신형 피뢰침에는 변환장치의 형식 및 전하포집 및 방사구조에 따라 다음의 종류가 있으며, 그 주요 특성은 다음과 같다(이하의 종류 구분, A~D형은 편의상 구분한 것이다).

ⓐ A형 : 압전형(포인트/센서 : point/sensor)

이 피뢰침은 보호공간 설정에 회전구체법을 적용하고 있다.

센서(sensors)부의 복수 포인트(points)에 의해 주변전하를 포집하고 뇌격 상황 하에서의 기류에 의한 미세진동을 병합하여 압전 세라믹(ceramics)에 의해 간단히 고압을 발생시킨다.

그리고 변환장치(transducer)에 의해 복수 포인트(points)에 고전압을 인가하여 이온을 방사시키는 능동형 동작(active operation) 방식이며, 상부 센서부의 벤투리공(venturi hole)을 통해 방사효과를 증대시킨 방식이다.

ⓑ B형 : 전자형(디스크/돌침 : disc/rod)

이 피뢰침도 보호공간 설정에 회전구체법을 적용하고 있다.

단일 돌침(rod) 및 디스크(disc)에 의해 주변전하를 포집하고 실린더 내부의 전자회로를 통해 고압으로 승압, 펄스(pusle) 발생 전자장치를 거쳐서 단일돌침(rod)부에서 방사하는 방식이다.

ⓒ C형 : 전자형(하부/상부 전극 : lower/upper electrodes)

이 피뢰침은 하부 전극(lower electrode)에 의해 주변전하를 포집하고 본체(housing) 내부의 전자회로에 의해 고압으로 승압하며, 펄스발생 전자장치를 통해 상부 전극(upper electrode)에서 방사하는 방식이다.

ⓓ D형 : 전자형(반구체/돌침 : sphere/rod)

이 피뢰침은 뇌격환경의 전계 하에서 포집된 전하와 내장되어 있는 수동형 전자장치(passive electronics)에 의해서 외부 반구체면의 최정부 주변에 전계를 집중시키는 전압으로 상승하고 이 집중된 전계 하에서 상부의 돌침에서 전기방전이 발생된다. 그러므로 이 피뢰침의 뇌격 흡인 범위는 일정하지 않고 제반 뇌격환경에 따라서 다르게 된다.

그리고 보호공간 설정에 포집공간법을 적용하고 있으므로 각 경우별 뇌격양상의 모의(simulation) 결과에 따라 보호범위가 각각 다르게 설정된다.

즉, 발생 뇌격의 속도, 상승 스트리머의 속도 및 주변 전계강도 등에 따라서 모의 결과 및 보호범위가 달라지는 것이다.

기 언급된 신형 피뢰침 방식을 그 특성, 적용 피뢰이론, 구조 및 구성, 동작원리 등을 비교, 요약하면 [표 1-4]와 같다.

[표 1-4] 외신형 피뢰침 방식의 비교

순번	항목	A형 [암전형(포인트/센서)]	B형 [전자형(디스크/돌침)]	C형 [전자형(하부/상부전극)]	D형 [전자형(반구체/돌침)]
1	피뢰이론 (보호공간설정)	• 회전구체법 (rolling sphere method)	• 회전구체법 (rolling sphere method)	• 회전구체법 (rolling sphere method)	• 포집공간법 (collection volume method)
2	적용기준	• NF C 17102(ESE)	• NF C 17102(ESE)	• NF C 17102(ESE)	• NZS/AS 1768
3	내부구조	압전 세라믹 장치 (piezoelectric ceramics) + 펄스 발생장치 (active electronics)	전압 충격용 전자장치 + 펄스 발생장치 (active electronics)	전압 충격용 전자장치 + 펄스 발생장치 (active electronics)	전압 충격용 전자장치 (passive electronics)
4	외형구조	센서부 (points & sensors) + 본체(변환부) (transducer)	돌침(rod) + 디스크(disc) + 실린더(변환장치)	상부/하부 전극 (upper/lower electrode) + 본체(변환장치)	돌침부 (rod) + 반구체(전자장치) (sphere)
5	동작원리	전하포집 (points) → 고전압 발생 (압전 세라믹) → 고전위 인가 및 펄스 발생 → 선행 스트리머 이온 방사 (sensors) → 뇌격 흡인	전하포집 (disc) → 고전압 발생 (전자장치) → 고전위 인가/펄스 발생 → 선행 스트리머 이온 방사 (rod) → 뇌격 흡인	전하포집 (lower electrode) → 고전압 발생 (전자장치) → 고전위 인가/펄스 발생 → 선행 스트리머 이온 방사 (upper electrode) → 뇌격 흡인	돌침부 (rod) → 고전위 발생 (전자장치) → 전계 집중 → 전기 방전 → 뇌격 흡인

순번	항목	A형 [엄전형(포인트/센서)]	B형 [전자형(디스크/돌침)]	C형 [전자형(하부/상부전극)]	D형 [전자형(반구체/돌침)]
6	보호공간 (보호반경)	• 화뢰구제법에 근거한 보호반경 개념으로 설정됨. • 보호반경기준 : NF C 17102	• 화뢰구제법에 근거한 보호반경 개념으로 설정됨. • 보호반경기준 : NF C 17102	• 화뢰구제법에 근거한 보호반경 개념. • 보호반경기준 : NF C 17102	• 실제적인 제반 뇌환경 및 주위환경의 수치자료를 입력한 뇌격 모의결과에 의거하여 보호공간을 설정함.
7	설치위치 및 소요본수	• 보호평면별 보호반경을 제산하여 종류/위치/소요본수 결정함.	• 보호평면별 보호반경을 제산하여 종류/위치/소요본수 결정함.	• 보호평면별 보호반경을 제산하여 종류/위치/소요본수 결정함.	• 실제적인 제반 뇌격환경 및 주위환경의 수치자료를 입력한 뇌격 모의결과에 의거하여 설치위치 및 소요본수를 결정함.
8	비고	• 보호공간 설정에 있어서 화뢰구제법을 적용한 능동형 동작(active operation)을 적용함. ESE 피뢰침 방식임. • 고전압 발생은 압전 세라믹에 의하며 펄스발생만 전자장치에 의거함. • 포집전하와 뇌격기류의 미세진동에 의한 공명현상을 이용하여 압전효과 및 발진작용에 의해 효율적으로 고전압을 발생함. • 뇌격기류에 이용한 벤투리(venturi) 효과 및 다수개의 센서에 의해 전하포집 및 선행 스트리머 방사효과를 극대화함. • 외형 구조가 매우 단순함.	• 보호공간 설정에 있어서 화뢰구제법을 적용한 능동형 동작의 ESE 피뢰침 방식임. • 고전압발생 및 펄스발생 모두 전자장치에 의거함. • 디스크/돌침만에 선행 스트리머를 방사함. • 외형 구조가 매우 복잡함.	• 보호공간 설정에 있어서 화뢰구제법을 적용한 능동형 동작의 ESE 피뢰침 방식임. • 적용 보호등급 : hihg/medium/standard • 고전압 발생 및 펄스발생 모두 전자장치에 의거함. • 하부/상부의 전극만이 전하포집 및 선행 스트리머 방사를 수행함. • 외형 구조가 매우 복잡함.	• 전체 검출중을 고정인 발생용 수동형 전자장치(passive electronics)로 동작하는 수동형 동작의 피뢰침 방식임. • 보호공간이 일정하게 설정되지 않고 제반 뇌격환경에 따라 변함. • 보호공간 설정에 있어서 공간법을 적용한 방식임. • 뇌격/환경 수치자료 및 뇌격 모의결과에 대한 실증적 입증이 필요한 것임.

② 최신형 피뢰침 방식의 선정

현재 설치지역의 정확한 뇌격 관련 제반 수치자료, 기상 및 지형자료 입수가 어렵고 실제 입증이 되지 않은 가상 설정 데이터에 의한 뇌격양상의 모의결과로 설정되는 보호공간에 대한 피뢰보호 효과는 그다지 신빙성이 없다고 판단된다.

최신형 피뢰침 선정시에는 실제 시험 입증된 기술적 특성 및 피뢰효율을 감안하여 선정함이 타당하다. 즉, 실제 입증된 피뢰보호반경, 내부 전자장치의 축소화, 피뢰성능, 신뢰도 및 피뢰효율 증대구조 등을 감안하여 선정하여야 한다.

그러므로 ESE 피뢰침의 기술성(피뢰이론, 적용기준, 내·외부 구조, 동작원리, 보호공간 및 반경, 인증 및 보증 등)을 고려하여 동작 신뢰도가 높고 제반 뇌격환경(뇌격기류, 미세진동 및 공명, 공간전하 등)을 이용하여 신속정확하게 동작(전하포집, 승압발진 및 펄스방사)하는 ESE 피뢰침, 즉 최신형 소자 및 장치의 적용으로 피뢰효율을 극대화시키고 피뢰성능, 신뢰도 및 피뢰효율이 가장 우수하며 구조가 간단하고 무보수화된 ESE 피뢰침을 선정함이 합당하다.

3.2 포집공간법 적용 피뢰침
(lightning conductor with collection volume method)

[1] 기본 동작원리

뇌격환경하의 모든 구조물은 강전계 속에 노출된다. 이 전계는 높은 돌출물 또는 예리한 모서리부에서 보다 강화된다. 일정 지점에서의 전계강도는 상승 스트리머의 발진 및 뇌격 리더간의 접촉에 직접 관계된다.

이 피뢰침은 가장 높은 위치에 설치되고 강전계 강화를 형성하기 쉽게 된다. 즉, 이 피뢰침의 상부에 포집공간이 형성되며, 이는 이 공간에 진입하는 뇌격 리더가 자연뇌격 상태에 따른 피뢰침으로부터의 상승 스트리머에 의해 접촉 간섭받는 공간이 된다.

이 피뢰침 및 건물의 모든 돌출부 및 모서리는 전부 형태, 위치 및 높이에 기초한 포집공간을 가지므로 이를 고려하여 이 피뢰침은 설치되어야 한다. 그러므로 이 피뢰침과 건물 돌출부 또는 모서리의 포집공간의 결정은 매우 복잡하므로 컴퓨터 프로그램(computer program)으로 수행된다.

[2] 보호공간

이 피뢰침에 의한 포집공간은 건물의 형태, 위치 등에 따라 서로 다른 크기로 된다. 이 피뢰침의 보호반경은 건물의 다른 모든 돌출부 또는 모서리의 포집공간을 포함하도록 설정된다. 다음에 포집공간법 적용 피뢰침의 보호공간 구성도를 [그림 1-26]에 보인다.

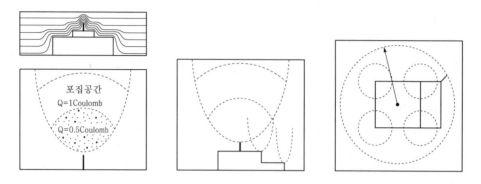

[그림 1-26] 포집공간법 적용 피뢰침의 보호공간도

[3] 기본 구성

이 피뢰침은 반구형의 본체(sphere)와 그 상부의 돌침부(tip) 및 지지주(mast)로 구성된다. 그리고 이 피뢰침의 보호반경은 모든 뇌격정수 및 조건 정수 등을 적용한 모든 포집공간의 시뮬레이션(simulation) 결과에 따라 결정된다.

이 포집공간법 적용 피뢰침(예)을 다음의 [그림 1-27]에 보인다.

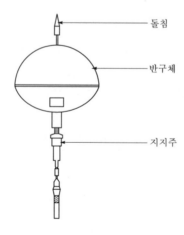

[그림 1-27] 포집공간법 적용 피뢰침 (예)

[4] 적 용

포집공간법 적용 피뢰침은 뇌격환경 하에서 대전기류에 의한 반구체 주변의 전계강화 효과에 의한 보호공간의 미소한 증대뿐이므로 적용면에서 보면 일반 프랭클린 돌침과 동일하다. 그리고 피뢰이론으로 회전구체법이 아닌 포집공간법을 적용하고 있으므로 선정시에는 반드시 이를 고려하여야 한다.

3.3 방산배치법 적용 피뢰침 (lightning conductor by dissipation array system)

[1] 기본 동작원리

방산배치법(DAS ; Dissipation Array System)은 전하방산장치를 기하학적으로 배치하고 접지한다. 그리고 전하방산장치 주변의 코로나 방전에 의하여 뇌운의 전하를 방산, 약화 또는 소멸시키는 방식이다.

즉, 강전계 속에서 미세침 형태의 첨단부는 주변의 공기분자를 이온화하여 전자를 방산하며 이 첨단부의 전위는 주변전위보다 약 $10\,kV$ 정도 상승한다. 이 경우 자연방전에 의해서 미세침 주변의 전하가 소거되고 공기분자로 전이된다.

점전하 방전(point discharge)은 대전환경에서 피뢰침 전극이 가늘수록 코로나 방전 (corona discharge)이 쉽게 발생하므로 다수개의 미세 피뢰침 전극에 의해 대지전하의 축적 (대지전위 상승)을 억제하여 낙뢰를 억제하는 것이다. 즉, 대지에 대전된 전하의 일부를 대기 중으로 분산시켜 전하의 형성을 억제하여 뇌격 확률을 경감시키는 방식이다. 스트리머 억제형(streamer retarding type) 피뢰침으로도 불린다.

[2] 보호공간

방산배치법(DAS) 피뢰침의 보호공간은 일반 프랭클린 돌침과 동일한 $45°$ 또는 $60°$로 설정된다. 그러므로 에어 터미널(air terminal) 방식에 기준하여 배치된다.

[3] 기본 구성

방산배치법(DAS) 피뢰침은 기본적으로 이온화 장치(ionizer), 대지전하 포집장치 (ground charge collector) 및 접속도체(interconnecting charge conductor)로 구성된다.

대지전하 포집장치는 뇌격환경 하에서 유도된 대지전하를 포집하고, 접속도체는 대지로부터 이온화 장치로 이 전하의 이동을 위한 저임피던스의 경로를 제공한다. 그리고 이온화 장치는 주장치로 포집된 전하의 방전을 수행하는 특수 기하학적 구조형태를 가진다.

실제적인 구성에서 방산배치법 피뢰침은 미세 방전침(dissipator), 지지도체 및 베이스 (elevation conductor and base) 및 접지(grounding)로 구성된다.

방산배치법 피뢰침(DAS)의 구성(예)을 다음 [그림 1−28]에 보인다.

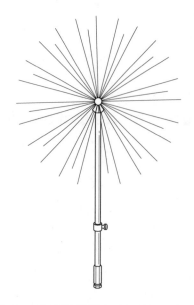

[그림 1-28] 방산배치법 피뢰침의 구성도 (예)

[4] 설 치

방산배치법(DAS) 피뢰침의 기하구조 형태는 설치되는 건축물 또는 구조물의 종류, 형태, 크기 등에 따라 다르게 되므로 조건별 적정한 형태 및 설치방법에 대하여 반드시 전문가에 의해서 수행되어야 한다.

그리고 방산배치법(DAS) 피뢰침의 설치간격은 기본적으로 에어 터미널(air terminal) 방식과 동일하며 5~6 m(최대 7.5 m 간격) 정도로 설정된다. 이 피뢰침은 구조물로부터 최소한 30 cm 이상의 높이로 구조물의 가장자리에 설치되어야 하며, 피뢰침의 상호간 및 구조물과는 완전하게 접속되어야 한다.

또한, 이 피뢰침은 전원, 전력선로 등에 근접하여 설치되어서는 안되며, 이는 이 피뢰침이 전원선에 접촉되는 경우에 인명에 치명적인 영향을 줄 수 있기 때문이다. 그리고 이 피뢰침의 설치시에는 반드시 방전복 및 안전도구를 구비하고 작업을 수행하여야 한다.

[5] 유지 보수

방산배치법(DAS) 피뢰침은 설치 후 연 1회 이상 전문가에 의해 정기점검 및 보수를 받아야 한다. 특히, 이 피뢰침이 설치 후 바람, 진동 등의 영향으로 설치형태의 변형이 발생하는 경우에는 반드시 전문가의 점검 및 보수를 받아야 하며, 그렇지 않은 경우 동작성능에 문제가 발생할 수 있다.

[6] 적 용

방산배치법(DAS) 피뢰침은 무선 송수신 첨탑, 위험물 저장소, 송배전선로 등에서 낙뢰 예방 차원에서 적용 가능할 것이다. 그리고 이 피뢰침의 설치, 변경, 제거, 점검 및 동작성능 시험 등은 반드시 전문가에 의해서만 수행되어야 성능보장 및 유지보수에 문제가 없을 것이다.

최신 피뢰방식의 평가기준

최근 신형 피뢰설비로 다양한 제품의 선행 스트리머 방사형(ESE ; Early Streamer Emission Type) 피뢰침 설비가 널리 설치되고 있다. 그러나 이 신형 피뢰침 설비 및 제품의 기술적 기준에 대한 이해도가 서로 달라 선정시에 상당한 곤란이 따르고 있다.

이에 이 선행 스트리머 방사형 피뢰설비의 기술적 평가기준 및 선정기준을 기술하여 제품의 선정시에 적용할 수 있도록 하고자 한다. 즉, 선행 스트리머 방사형 피뢰설비의 적용 피뢰이론, 동작원리, 구조, 시험 및 검사, 인증, 설치 등의 제반 기술적 기준을 제시하여 제품의 선정시에 적용 및 판단기준으로 활용할 수 있도록 하고자 하는 것이다.

4.1 최신 피뢰설비의 평가기준

[1] 적용기준

(1) 피뢰침 형식의 적용기준

현재 ESE 피뢰침의 형식에 대한 적용기준으로는 다음의 국제적 기준이 있다.
- 프랑스 표준 : NF C 17102
- 미국 소방협회 : NFPA 781(현재, 심의 중)

일부에서 적용하고 있는 호주, 뉴질랜드 등의 영연방 적용기준인 'NZS/AS 1768'은 ESE 피뢰침의 형식 적용기준이 아니며, 일반 피뢰침의 적용기준이다.

(2) 피뢰이론의 적용기준

다음으로 ESE 피뢰침의 적용 피뢰이론인 회전구체법의 적용기준으로는 다음의 국제적 기준이 있다.
- 프랑스 표준 : NF C 17102

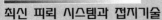
• 국제 전기표준회의 : IEC 1024-1
• 미국 소방협회   : NFPA 780
• 영국 표준   : BS 6651
• 유럽 표준   : CENELEC/EN V 61024-1

주요 최신 피뢰침의 적용기준을 보면 다음 [표 1-5]와 같다.

[표 1-5] 최신 피뢰침의 적용기준

구 분	A형 피뢰침 (압전형) (포인트/센서)	B형 피뢰침 (전자형) (디스크/돌침)	C형 피뢰침 (전자형) (하부/상부전극)	D형 피뢰침 (전자형) (반구체/돌침)
적용기준	NF C 17102	NF C 17102	NF C 17102	NZS/AS 1768

역시 일부에서 적용하고 있는 'NZS/AS 1768'은 회전구체법과는 다른 피뢰이론인 포집공간법(collection volume method)을 적용하는 표준이다. 이 표준에 의한 피뢰이론도 회전구체법과 동일하게 어느 피뢰침에나 적용될 수 있는 피뢰이론이다.

[2] 피뢰이론

다음으로 최근의 주요 피뢰이론을 기준으로 ESE 피뢰설비의 적용 피뢰이론에 대한 기준을 정립한다.

피뢰이론 중에서 회전구체법과 포집공간법은 어느 피뢰침에서나 다 적용될 수 있는 방식이다. 현재 ESE 피뢰침 설비의 적용기준인 NF C 17102에서는 회전구체법을 적용하고 있으며 포집공간법은 적용하고 있지 않다.

주요 최신 피뢰침의 적용 피뢰이론을 보면 다음 [표 1-6]과 같다.

[표 1-6] 최신 피뢰침의 적용 피뢰이론

구 분	A형 피뢰침 (압전형) (포인트/센서)	B형 피뢰침 (전자형) (디스크/돌침)	C형 피뢰침 (전자형) (하부/상부전극)	D형 피뢰침 (전자형) (반구체/돌침)
적용 피뢰이론	회전구체법 (rolling sphere method)	회전구체법 (rolling sphere method)	회전구체법 (rolling sphere method)	포집공간법 (collection volume method)

[3] 보호등급

ESE 피뢰설비의 적용기준인 NF C 17102에서 규정하여 적용하고 있는 피뢰보호 등급(protection level Ⅰ~Ⅳ)은 피뢰보호 효율에 근거한 피뢰보호 설비의 등급으로 뇌격환경 및 영향에 대해서 피뢰보호 설비가 일정한 공간을 보호할 수 있는 확률적 가능성을 기준으로 분류한 것이다.

이 피뢰보호 등급은 국제적으로 공인되어 있는 피뢰설비의 적용기준인 IEC 1024-1, CENELEC/EN V 61024-1 등에 규정되어 있는 것으로 국제적으로 공인된 분류등급이다. 이 피뢰보호 등급의 선정은 적용기준에 의거하여 계산을 수행하여 선정된다.

그리고 이 피뢰 등급의 계산 및 선정시에는 해당 현장의 뇌격환경, 즉 연간 뇌우일수 (IKL ; Iso-Keraunic Level), 뇌격 대지밀도 등의 자료를 적용 수행하여 정량적인 수치로 되는 계산결과가 도출되어 피뢰보호 등급의 정확성을 기하고 있다.

일부 ESE 피뢰침에서 적용하고 있는 추정 피뢰보호 등급(high, medium, low level)은 뇌격환경의 정량적 수치에 의한 계산을 수행하지 않으므로 ESE 피뢰설비 보호 등급의 선정시, 정확성에 신뢰성이 없다고 본다. 그 이유는 ESE 피뢰침은 보호 등급별로 그 보호반경이 서로 다르기 때문에 적용 보호 등급의 선정은 정확한 정량적 수치계산 결과에 의거하여야 하기 때문이다.

[4] 동작원리

현재 국내에 보급되고 있는 주요 ESE 피뢰침에는 변환장치의 형식 및 전하포집 및 방사 구조에 따라 다음의 종류가 있으며, 그 주요 특성은 다음과 같다(이하의 종류 구분, A~D 형은 편의상 구분한 것이다).

(1) 동작개요

① A형 : 압전형 (포인트 / 센서 : point / sensor)

이 피뢰침은 보호공간 설정에 회전구체법을 적용하고 있다.

센서(sensor)부의 복수 포인트(point)에 의해 주변전하를 포집하고 뇌격상황 하에서의 기류에 의한 미세진동을 병합하여 압전 세라믹(ceramics)에 의해 간단히 고압을 발생시킨다. 그리고 변환장치(transducer)에 의해 복수 포인트에 고전압을 인가하여 이온을 방사시키는 능동형 동작(active operation)방식이며, 상부 센서부의 벤투리 공 (venturi hole)을 통해 방사효과를 증대시킨 방식이다.

② B형 : 전자형 (디스크 / 돌침 : disc / rod)

이 피뢰침도 보호공간 설정에 회전구체법을 적용하고 있다.

단일 돌침(rod) 및 디스크(disc)에 의해 주변전하를 포집하고 실린더 내부의 전자회로를 통해 고압으로 승압, 펄스(pusle) 발생 전자장치를 거쳐서 단일 돌침부에서 방사하는 방식이다.

③ C형 : 전자형 (하부 / 상부전극 : lower / upper electrodes)

이 피뢰침은 하부전극(lower electrode)에 의해 주변전하를 포집하고 본체(housing) 내부의 전자회로에 의해 고압으로 승압하며, 펄스 발생 전자장치를 통해 상부전극 (upper electrode)에서 방사하는 방식이다.

④ D형 : 전자형 (반구체 / 돌침 : sphere / rod)

이 피뢰침은 뇌격환경의 전계하에서 포집된 전하와 내장되어 있는 수동형 전자장치 (passive electronics)에 의해서 외부 반구체면의 최정부 주변에 전계를 집중시키는 전압으로 상승하고 이 집중된 전계하에서 상부의 돌침에서 전기방전이 발생된다. 그러므로 이 피뢰침의 뇌격흡인 범위는 일정하지 않고 제반 뇌격환경에 따라서 다르게 된다.

그리고 보호공간 설정에 포집공간법을 적용하고 있으므로 각 경우별 뇌격양상의 모의(simulation)결과에 따라 보호범위가 각각 다르게 설정된다.

즉, 발생 뇌격의 속도, 상승 스트리머의 속도 및 주변 전계강도 등에 따라서 모의결과 및 보호범위가 달라지는 것이다.

(2) 동작원리

주요 최신 피뢰침의 동작원리를 보면 다음 [표 1-7]과 같다.

[표 1-7] 최신 피뢰침의 동작원리

구 분	A형 피뢰침 (압전형) (포인트/센서)	B형 피뢰침 (전자형) (디스크/돌침)	C형 피뢰침 (전자형) (하부/상부전극)	D형 피뢰침 (전자형) (반구체/돌침)
동작원리	전하포집 (points) ⇩ 고전압 발생 (압전 세라믹) ⇩ 고전위 인가 펄스 발생 ⇩ 선행 스트리머 이온방사 (sensors) ⇩ 뇌격흡인	전하포집 (disc) ⇩ 고전압 발생 (전자장치) ⇩ 고전위 인가 펄스 발생 ⇩ 선행 스트리머 이온방사 (rod) ⇩ 뇌격흡인	전하포집 (lower electrode) ⇩ 고전압 발생 (전자장치) ⇩ 고전위 인가 펄스 발생 ⇩ 선행 스트리머 이온방사 (upper electrode) ⇩ 뇌격흡인	전하포집 (반구체) ⇩ 전계집중 ⇩ 전기방전 (corona) ⇩ 뇌격흡인

ESE 피뢰침의 기본적 동작원리는 다음과 같다.

```
┌─────────────────────────┐
│        전하포집          │
└─────────────────────────┘
            ⇩
┌─────────────────────────┐
│       고전압 발생        │
└─────────────────────────┘
            ⇩
┌─────────────────────────┐
│   고전위 인가 및 펄스 발생   │
└─────────────────────────┘
            ⇩
┌─────────────────────────┐
│     선행 스트리머 방사     │
└─────────────────────────┘
            ⇩
┌─────────────────────────┐
│        뇌격흡인          │
└─────────────────────────┘
```

ESE 피뢰침의 상세 동작원리를 기술하면 다음과 같다.

뇌격환경 하에서 일반 피뢰돌침(Franklin rod)은 먼저 코로나 방전(corona discharge : Townsend Avalanche effect)을 발생하고 이에 기인한 상승리더가 발생 전진하여 일정 시간 경과 후에 스파크 방전(spark discharge)으로 이행한다.

이에 대해 ESE 피뢰침은 원칙적으로 코로나 방전(국부 파괴 방전)의 상승속도를 억제하고, 선행펄스(20~25 kV)를 발생하여 주변전계의 브레이크다운(breakdown) 전위를 감소시켜 스파크 방전(전로 파괴 방전)으로 직접 이행시키는 방식이다.

이러한 견지에서 보면, 상기의 D형은 수동형 전자장치(passive electronics)를 사용하고 있으므로 대기 중 코로나 방전을 발생시키는 구조일 수 있다.

[5] 보호공간 (반경)

ESE 피뢰침의 보호반경은 각 형식별 선행 스트리머의 방사시험 결과를 적용기준인 NFC 17102의 보호특성 곡선에 일치시켜 결정된다.

즉, 일반 피뢰 돌침(Franklin rod)과 ESE 피뢰침의 상승리더 여기시간을 측정하여 이를 적용기준(NF C 17102)의 표준 실험곡선 요소에 일치시키고, 일반 피뢰 돌침과 ESE 피뢰침의 평균여기 전진시간의 차이(ΔT)를 계산하고 그 결과를 보호반경 설정에 적용한다.

주요 최신 피뢰침의 보호공간(보호반경) 설정기준을 보면 다음 [표 1-8]과 같다.

[표 1-8] 최신 피뢰침의 보호공간 설정기준

구 분	A형 피뢰침 (압전형) (포인트/센서)	B형 피뢰침 (전자형) (디스크/돌침)	C형 피뢰침 (전자형) (하부/상부전극)	D형 피뢰침 (전자형) (반구체/돌침)
보호공간 설정기준	• 회전구체법에 근거한 보호반경 개념 • 보호반경 기준: NF C 17102	• 회전구체법에 근거한 보호반경 개념 • 보호반경 기준: NF C 17102	• 회전구체법에 근거한 보호반경 개념 • 보호반경 기준: NF C 17102	• 실제적인 제반 뇌격환경의 수치자료를 입력한 뇌격모의결과에 의거하여 보호공간을 설정함.

[6] 구 조

ESE 피뢰침의 구조는 매우 다양하며 내부 및 외부의 기본적인 구조는 다음과 같다.

내부구조는 변환/펄스발생장치, 변환/펄스발생장치의 외부 절연체 및 변환/펄스발생장치/전극간의 전기적 접속도체로 구성된다.

그리고 외부구조는 전극, 본체(변환/펄스발생장치) 및 지지대로 구성된다.

주요 최신 피뢰침의 각 형식별 구조특성을 보면 다음 [표 1-9]와 같다.

[표 1-9] 최신 피뢰침의 구조

구분	A형 피뢰침 (압전형) (포인트/센서)	B형 피뢰침 (전자형) (디스크/돌침)	C형 피뢰침 (전자형) (하부/상부전극)	D형 피뢰침 (전자형) (반구체/돌침)
내부 구조	압전 세라믹 장치 (piezoelectric ceramics) (active electronics)	전압증폭용 전자장치 + 펄스 발생장치 (active electronics)	전압증폭용 전자장치 + 펄스 발생장치 (active electronics)	전자장치 (passive electronics)
외형 구조	센서부 (points/sensors) + 본체(변환부) (transducer)	돌침(rod) + 디스크(disc) + 실린더 (변환장치)	상부/하부전극 (upper/lower electrode) + 본체 (변환장치)	돌침부 (rod) + 반구체 (sphere)

[7] 유지 보수

ESE 피뢰설비의 유지보수 및 점검기준(점검내용, 횟수 등)은 적용기준 NF C 17102에 규정되어 있으며, 보호등급별로 점검시기만 다르며 일반 피뢰 돌침(프랭클린 돌침)의 경우와 동일하다.

단, 일반 피뢰침과 다른 점은 내장장치의 내용수명이 있으므로 정기적인 교체 또는 보수가 필요할 수 있다.

즉, 내장장치가 전자회로인 경우에는 이 장치의 내용수명에 따라 점검, 보수, 교체 등이 필요할 수 있으며, 고체형(solid type) 내장장치인 경우에는 무보수형(maintenance-free)이 될 수 있다.

[8] 시험 및 인증

(1) 시 험

ESE 피뢰침의 시험은 적용기준인 NF C 17102에 의거하며 주요 내용은 다음과 같다.

① 선행여기 전진시간 (거리)

일반 피뢰 돌침(Franklin rod)과 ESE 피뢰침의 상승리더 여기시간을 측정하여 적용기준의 기준파형과 비교 일치시켜 이 두 피뢰침의 상승리더 전진 여기시간의 차이(ΔT)를 ESE 피뢰침의 선행전진 여기시간으로 결정한다. 그리고 시험과 자연 뇌격현상의 뇌격전압 및 파형을 고려하여 안전율을 적용한다. 즉, 상기의 시험결과인 여기전진 시간의 차이에 자연뇌격에 대한 안전율(약 1/5 감소)을 적용하여 기준값 $60\,\mu\text{s}$에 대해서 약 $70\sim75\,\mu\text{s}$가 되어야 한다.

② 시험 인가전압 및 파형기준
  - 인가전압 : $150\,\text{kV}$
  - 직류전압 : $-300\,\text{kV}$
  - 파   형 : $670/200\,\mu\text{s}$

(2) 인 증

NF C 17102에 일치하는 시험은 프랑스의 국가공인 독립 시험기관(independent and authorized test agency)에서 수행되고 이에 의한 공인시험 인증서가 제시되어야 한다. ESE 피뢰원리에 대한 기초시험이 수행되지 않은 다른 나라의 시험기관에 의한 시험은 신빙성이 없으며 참고일 뿐이다.

ESE 피뢰침의 적용기준인 프랑스 표준, NF C 17102에서는 ESE 피뢰침 시스템에 대하여 설계, 시공, 점검 및 유지보수에 대한 지침과 시험평가 절차만을 제시하고 있으며 어떠한 시험기관도 규정 또는 권장하고 있지 않다.

그리고 프랑스에서는 산업제품의 시험기관에 대하여 국가공인 시험기관만을 지정하여 인정하고 있다.

ESE 피뢰침의 적용기준인 NF C 17102에서도 지정 또는 권장하는 시험기관은 없다.

그러므로 ESE 피뢰침은 프랑스 국가공인 독립 시험기관에 의해 시험을 수행하여 공인되는 것이다.

[9] 보 증

ESE 피뢰침의 보증기간은 적용자재, 구조, 장치의 특성 등에 의거하여 설정되어야 한다. 내부장치가 고체소자(solid material)가 아닌 전자회로인 경우에는 적용소자의 특성상, 전자회로 소자의 평균내용 수명에 유의하여야 한다.

그리고 ESE 피뢰침의 동작특성상 실제 설치운용 실적 및 사용기간에 의거한 보증기간이 제시되어야 한다.

4.2 ESE 피뢰설비의 설치 평가기준

[1] ESE 피뢰침

(1) ESE 피뢰침의 설치기준

ESE 피뢰침 설비의 설치는 일반 피뢰 돌침(프랭클린 돌침)의 경우와 동일하다. 일부의 피뢰침에서 절연 지지주 또는 절연판을 사용하여 설치하고 있으나 뇌격시, 전위상승에 대해서 건축 구조물의 금속체와 피뢰침 사이에 완전한 절연 이격거리가 유지되지 않으므로 섬락의 위험이 있다.

피뢰침 설비는 뇌격시에 다른 금속체와 충분한 안전 이격거리의 유지가 일반적으로 불가능하므로 역섬락 및 측면섬락을 방지하도록 건축 구조물의 모든 철제류와 등전위 접속을 시행하여야 한다.

(2) ESE 피뢰침의 지지

ESE 피뢰침은 일반 피뢰침보다 다소 자중을 가지므로 이의 설치시에는 지지주의 선정에 유의해야 한다. 피뢰침의 지지주는 기계적 강도가 매우 중요하며 첫 번째로 고려되어야 하는 사항이다.

지지주로 강관은 인장강도가 강하고 항복점이 높다. 그러나 FRP 지지주는 강관에 비해서 인장강도가 매우 약하고 항복점이 매우 낮다. 실제로 태풍의 풍압에 의한 충격이 가해지는 경우에 강관은 견디지 못하면 약간 구부러지지만 FRP는 인장강도가 매우 약하고 항복점이 매우 낮으므로 꺾어져 파손될 우려가 있다. 이러한 점을 고려하여 피뢰침의 지지주를 선정하여야 한다.

[2] ESE 피뢰 인하도선

ESE 피뢰설비의 적용기준인 NF C 17102에서는 ESE 피뢰침의 인하도선으로 동선, 스테인리스 스틸, 알루미늄 도체의 평각/원형도선 또는 편조선을 사용할 것을 규정하고 있다. 즉, ESE 피뢰침의 경우에도 일반 피뢰침과 동일하게 인하도선으로 나동선 또는 비닐절연접지선(GV wire)을 사용하면 된다.

동축 케이블 종류(즉, coaxial 또는 triaxial cable)를 인하도선으로 사용하는 경우, 대뇌격전류의 순시 열방산에 불리하며, 동축 케이블의 경우에는 뇌격환경 하에서 인하도선 최상단부의 내부도체와 외부도체(차폐층) 사이에 수백 kV의 고전위가 발생하여 측면섬락(side flash)을 야기할 수 있다.

이러한 이유로 프랑스 표준(NF C 17102) 및 영국 표준(BS 6651)에서는 피뢰 인하도선으로 동축 케이블 종류의 사용을 원칙적으로 금지하고 있다. 즉, ESE 피뢰침의 인하도선으로는 일반 피뢰침의 경우와 동일하게 나동선 또는 비차폐 절연동선을 사용하여야 하며 동축 케이블의 종류는 원칙적으로 사용이 금지된다.

(1) 인하도선의 적용기준 및 포설경로

인하도선의 포설경로에 대한 적용기준의 내용을 요약하면 다음과 같다.

① 프랑스 표준(NF C 17102 : ESE 피뢰침 적용기준)

인하도선은 가능한 한 전선관과 평행 또는 교차하여 시설하여서는 안된다. 그리고 인하도선을 건물 내부에 설치하는 경우에는 절연, 비인화성 덕트(duct)에 수용할 수 있다.

② 영국 표준(BS 6651)

인하도선을 건물 외부에 설치 불가능한 경우에는 비금속체, 비가연성 덕트에 수용할 수 있다.

③ 일본 산업규격(JIS A 4201)

인하도선은 철제관 내부에 수용할 수 없다. 그러므로 인하도선을 보호하는 경우에는 목제, 경질 비닐관 또는 비자성 금속관 내에 수용할 수 있다. 그리고 인하도선과 1.5 m 이내에 접근하는 철제관 또는 철제 금속체는 접지해야 한다.

참고로, 인하도선을 철제 금속관 내부 포설시에 발생하는 전기적 현상을 보면 다음과 같다.

철제는 강자성체이며 뇌격전류는 그 값이 매우 격심하게 변하는 전류이다. 그러므로 인하도체의 주위에 강자성체가 있으면 이 강자성체는 자화되고 동시에 뇌격전류와 일치

하여 격심하게 변화한다. 그리고 이 자속의 변화는 주변의 도체에 기전력(전압)을 유기한
다. 이것이 인하도체 내부의 뇌격전류의 통전을 억제하는 작용을 하므로 철제관 내에 인
하도선을 포설하지 말아야 한다. 또한, 인하도선을 철제관 내에 포설하는 경우에 철제관
은 강자성체이므로 서지 임피던스(surge impedance)가 높아 관의 양단에 고전위차를 유
기하여 불꽃방전이 발생할 우려가 있다.

그리고 비자성 금속관의 경우에도 관 내에 인하도선의 뇌격전류의 통전시에 금속의 투
자율 및 임피던스에 의해 관의 입구 및 출구에서 순간적인 전위차가 발생하고 불꽃방전을
발생할 우려가 있으므로 금지되고 있다.

인하도선에 뇌격전류가 흐르는 경우에 그 전류 상승률을 $20\,\text{kA}/\mu\text{s}$, 도체장을 $30\,\text{m}$,
2조 인하도선 병렬포설시, 서지 임피던스를 $200\,\Omega$으로 가정하면 뇌격전류의 파두 선단이
접지점에서 반사하여 인하도선의 상단에서 반사하므로 이 상단의 전위는 약 $800\,\text{kV}$ 정도
가 된다. 그리고 접지전위 상승만을 고려하여도 파고값 $50\,\text{kA}$의 뇌격전류가 접지저항 10
Ω의 장소로 흐르는 경우에 전위상승은 약 $500\,\text{kV}$ 정도가 된다.

따라서, 인하도선과 주변 금속체와의 거리가 $1.5\,\text{m}$ 이내이면 섬락할 우려가 있다. 또
한, 방전이 없어도 인하도선에 평행한 금속체는 정전유도 작용에 의해 상당한 유도전압을
발생하고 더욱 이것이 고립되어 있으면 국부방전을 야기하게 된다. 그러므로 인하도선에
$1.5\,\text{m}$ 이내로 접근하는 금속체는 인하도선에 접속 또는 접지접속을 하여 등전위화하여야
한다.

금속관 내 인하도선의 설치도를 [그림 1-29]에 보인다.

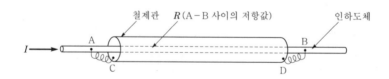

[그림 1-29] 금속관 내 인하도선 설치도

상기의 금속관 내 인하도선 설치도를 기준으로 뇌격전류 통전시의 전기적 현상을 설명
하면 다음과 같다.

A점에 비해 B점의 전압은 $R \cdot I$(Ohm's law)만으로 낮다. 그러나 D점은 관에 전류가
흐르면 A점과 동일한 전압으로 되므로 전류가 흐르면 B점과 D점의 사이에 $R \cdot I$만큼의
전위차가 발생한다. 이것이 큰 불꽃방전을 발생시키게 된다.

(2) 인하도선의 설치기준

피뢰 인하도선은 가능한 한 철제 지지주의 외부로 설치하는 것이 바람직하다. 단, 불가

피하게 인하도선을 철체 지지주의 내부에 포설 설치하는 경우에는 반드시 다음의 조치를 하여야 한다.

- 인하도선이 수용되는 철제 지지주의 상단과 하단에서 반드시 인하도선과 도체접속을 하여야 한다.
- 안전상, 철제 지지주의 지상 2.5 m는 반드시 전기적 절연체로 피복하여야 한다.

[3] ESE 피뢰접지

ESE 피뢰설비의 접지 시스템은 일반 피뢰 돌침(프랭클린 돌침) 설비의 접지와 다른 점이 없다. ESE 피뢰설비의 적용기준인 NF C 17102에 규정되어 있는 접지기준을 요약하면 다음과 같다.

- 각 인하도선은 접지되어야 한다.
- 접지저항값은 10Ω 미만이어야 한다.
- 접지극 설치시에는 뇌격전류의 방전에 영향을 미치는 서지 임피던스(surge imped-ance)를 고려하여야 한다. 심타식 접지극 매설시에 특히 유의해야 한다.
- 접지극의 배치는 가능한 한 표준 접지극 배치로 한다.
- 피뢰침 설비는 건축 구조체/금속체와 완전한 절연이 불가능하므로 안전거리가 유지되지 않는 건축 구조체/금속체는 반드시 등전위 도체 또는 서지 보호장치를 개재하여 등전위 접속을 시행한다.

[4] 대용 구조체의 적용

(1) 대용 구조체의 조건

적용기준별 인하도선 대용 구조체의 조건은 다음과 같다.

① 프랑스 표준 (NF C 17102)
- 철제 구조물로 전기적으로 연속적이고 저항이 0.01Ω 이하인 것

② 유럽 표준 (CENELEC/EN V 61024-1)
- 철제 구조물로 전기적으로 연속적이고 적용 인하도체와 동일한 단면적을 가지는 것
- 철제 구조물의 두께는 최소 4 mm 이상일 것
- 철제 구조물의 절연피복이 가능함.
- 특수한 경우, 철제 파이프는 사용 불가함.

③ 국제 전기표준회의 (IEC 1024-1)
- 철제 구조물로 전기적으로 연속적이고 적용 인하도체와 동일한 단면적을 가지는 것
- 철제 구조물의 두께는 최소 4 mm 이상일 것
- 철제 구조물의 절연피복이 가능함.
- 특수한 경우, 철제 파이프는 사용 불가함.

④ 미국 방화협회 (NFPA 780)
- 철제 구조물로 전기적으로 연속적이고 적용 인하도체와 동일한 단면적을 가지는 것

⑤ 일본 산업규격 (JIS A 4201)
- 철골 또는 철근 콘크리트 구조물에서 철골 또는 2조 이상의 주철근

⑥ 한국 산업규격 (KS C 9609)
- 철골 또는 철근 콘크리트 구조물에서 철골 또는 2조 이상의 주철근

(2) 대용 구조체의 적용

기본적으로 건축물 내외부의 철제 구조물은 전기적으로 연속되고 최소 4 mm 이상의 두께를 가지고 적용 인하도선의 단면적을 초과하는 경우에는 대용 인하도선으로 사용될 수 있다.

ESE 피뢰침의 적용기준인 프랑스 표준, NF C 17102에서는 전기적으로 연속인 철제 구조물로 전기저항이 0.01Ω 이하인 경우에 대용 인하도선으로 사용할 수 있도록 규정하고 있다. 즉, 철제 구조체의 경우에 두께가 4 mm를 초과하고 전기적으로 연속되며 자체의 전기저항이 기준값인 0.01Ω 이하이면 ESE 피뢰침의 대용 인하도선으로 사용이 가능하다. 단, 철제 구조체를 대용 인하도선으로 사용하는 경우에 수뢰시 인명안전을 위하여 반드시 지면에서 2.5 m 이상을 전기적 절연체로 피복하여야 한다.

(3) 대용 구조체의 적용기준

철제 구조물은 다음의 조건을 만족하면 ESE 피뢰침의 대용 인하도선으로 사용이 가능하다.
- 두께가 4 mm 이상일 것
- 전장에 걸쳐서 전기적으로 연속일 것
- 자체의 전기저항이 0.01Ω 이하일 것
- 지상부분 2.5 m를 절연 피복할 것

4.3 ESE 피뢰설비의 유지보수 평가기준

[1] ESE 피뢰침의 유지보수

ESE 피뢰침의 유지보수는 적용기준인 NF C 17102에 의거하며 일반 피뢰 돌침(프랭클린 돌침)의 경우와 거의 동일하다. 단, ESE 피뢰침의 경우에는 내부에 여기장치(고체소자 또는 전자회로 장치)가 내장되어 있으므로 이를 고려하여야 한다.

즉, ESE 피뢰침의 여기장치가 고체소자인 경우, 거의 영구적이고 무보수형(maintenancefree)이 될 수 있으므로 일반 피뢰침의 경우와 동일하지만 전자회로장치인 경우에는 전자회로의 수명을 고려하여 해당 피뢰침의 동작성능을 점검하여야 할 것이다.

[2] 낙뢰계수기의 적용

낙뢰계수기(surge counter)는 ESE 피뢰설비의 유지보수면 및 피뢰보호등급 설정면에서 필히 설치 운용되어야 한다.

(1) 유지보수면

ESE 피뢰침의 적용기준인 NF C 17102에 의거하면 정기점검 이외에 수뢰시에는 해당 피뢰설비를 반드시 점검하도록 규정하고 있으며 이를 위해 낙뢰계수기를 설치하도록 권장하고 있다. 즉, 낙뢰계수기에 의해 수뢰가 확인된 경우에는 피뢰설비에 대해 육안점검 및 측정(전기적 연속성 및 접지저항)을 시행하도록 규정하고 있다.

(2) 피뢰보호등급 설정면

ESE 피뢰침의 적용 피뢰보호등급은 해당지역의 연간 뇌격일수(IKL) 및 연간 평균 뇌격방전밀도(number of lightning flashes/year/km^2)에 의해서 결정된다. 그러므로 완벽한 피뢰보호를 위해서는 낙뢰계수기를 설치하여 해당지역의 연간 뇌격방전횟수를 확인 및 기록하여 적용 피뢰보호등급의 변동 유무를 점검하여야 한다.

4.4 ESE 피뢰침의 선정

현재 설치지역의 정확한 뇌격관련 제반 수치자료, 기상 및 지형자료 입수가 어렵고 실제 입증이 되지 않은 가상설정 데이터에 의한 뇌격양상의 모의결과로 설정되는 보호공간에 대한 피뢰보호 효과는 신빙성이 없다고 판단된다.

현재 국제적으로 공인된 회전구체법이 적용되어야 가장 안전한 피뢰보호 효과를 기대할 수 있다.

그리고 코로나 효과(corona effect)를 이용하여 피뢰보호 효과를 다소 향상시키는 코로나 방식 피뢰침 또한, 광역의 피뢰보호 효과를 기대할 수 없다.

ESE 피뢰침의 선정시에는 실제 시험 입증된 기술적 특성 및 피뢰효율을 감안하여 선정함이 타당하다. 즉, 실제 입증된 피뢰보호반경, 내부 전자장치의 축소화, 피뢰성능, 신뢰도 및 피뢰효율 증대구조 등을 감안하여 선정하여야 한다.

그러므로 ESE 피뢰침의 기술성(피뢰이론, 적용기준, 내외부구조, 동작원리, 보호공간/반경, 인증/보증 등)을 고려하여 동작신뢰도가 높고 제반 뇌격환경(뇌격기류, 미세진동 및 공명, 공간전하 등)을 이용하여 신속정확하게 동작(전하포집/승압발진/펄스방사)하는 최신형 소자 및 장치의 적용으로 피뢰효율을 극대화시키고 피뢰성능, 신뢰도 및 피뢰효율이 가장 우수하며 구조가 간단하고 무보수화된 ESE 피뢰침을 선정함이 합당하다.

ESE 피뢰침 선정시, 주요 검토사항을 열거하면 다음과 같다.
- 적용 피뢰이론, 적용기준, 구조/외형, 동작원리 및 보호공간 설정기준
- 독립 공인 시험기관의 시험성적서/인증서(test report & test certificate)
- 품질보증서 및 수명보증서(quality & lifetime guarantee certificate)

5 뇌격 경보방식(lightning warning system)

5.1 뇌격 경보의 필요성

자연현상인 뇌격은 직접적 또는 간접적으로 사고 및 재해를 야기한다. 이에는 산악, 평지, 해변 등의 야외 개방지역에서의 직격뢰에 의한 인명사상사고, 건축구조물의 파손 및 2차적 재해 등이 있으며, 인명사고는 단 한번의 발생도 매우 심각한 것이 된다.

산악, 해변가, 평지 또는 야외의 개방된 넓은 지역은 전지역을 피뢰침만으로 낙뢰로부터의 보호가 불가능하므로 이러한 지역에서의 낙뢰에 의한 인명사상사고는 예측할 수 없는 것이다.

그러므로 가장 신뢰할 수 있는 대책으로 과학적인 방법에 의거하여 사전에 뇌격의 규모, 강도 및 동향을 감지하여 낙뢰의 위험을 경보하고 필요시 대피지시 등을 수행할 수 있는 뇌격감지 시스템이 절실히 요구되며 최근 다수 설치되고 있다.

이에 기본적인 뇌격의 관측과 감지방식 및 설비와 근접뇌격 경보설비의 원리, 특성, 구성 및 설치적용에 대하여 서술한다.

5.2 뇌격 감지방식

실용되고 있는 기본적인 뇌격 감지방식을 주 계측장치 및 감지범위별로 대별하면 다음의 [표 1−10]과 같다.

[표 1−10] 뇌격 감지방식

감지방식		감지장치	감지범위
뇌격방전 발생 전, 감지방식		• 기상 레이더 • 도플러 레이더 • 2중 편파 도플러 레이더	중범위
뇌격방전 발생 후, 감지방식(전자계)	회귀성 뇌격 발생 전, 감지방식	• VHF/UHF파 수신장치 • 전계 안테나 • 뇌격방전 계수장치	소범위
	회귀성 뇌격 발생시, 감지방식	• LLP 시스템 • LPATS 시스템	광범위

근접 뇌격 감지 및 경보설비로는 뇌격에 의한 방사 전자파를 감지하여 낙뢰위치를 표정하는 방식이 많이 사용되고 있다. 이 뇌격방사 전자파 감지에 의한 낙뢰위치 표정방식의 동작 원리를 요약하여 기술하면 다음과 같다.

[1] 전자파 수신방위 방식 (LLP 시스템)

직교 루프 안테나(loop antenna)를 사용하여 전자파의 수신방위를 감지하는 감지장치를 복수로 배치하고, 수신된 방위에 대해 교차법으로 교점을 구하여 낙뢰위치를 표정하는 방식이다. 전자파 수신방위 방식(LLP 시스템)의 표정원리도를 다음의 [그림 1−30]에 보인다.

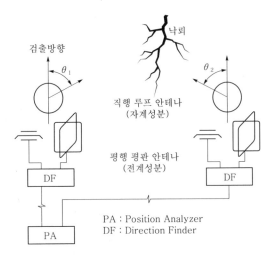

[그림 1−30] 전자파 수신방위 방식 (LLP 시스템) 의 표정원리도

[2] 전자파 도달시간차 방식 (LPATS)

전자파 펄스(pulse)의 수신장치까지의 도달시간차로부터 2차원(구면상)의 등간격 시간차 쌍곡선에 의해 낙뢰위치를 표정하는 방식이다.

전자파 도달시간차 방식(LPATS)의 표정원리도를 다음의 [그림 1-31]에 보인다.

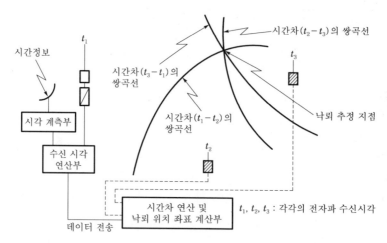

[그림 1-31] 전자파 도달시간차 방식(LPATS)의 표정원리도

[3] 전자파 수신방위 / 도달시간차의 조합방식 (IMPACT)

전자파 수신방위 방식(LLP 시스템)의 검출장치에 GPS(Global Positioning System) 시계를 부가하여 시간적 동기정밀도를 향상시키고 도달시간차 방식과 조합하여 낙뢰위치 표정 정밀도를 향상시킨 방식이다.

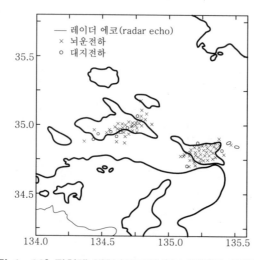

[그림 1-32] 간섭계 방식 (SAFIR) 의 뇌격방전 상황도 (예)

[4] 간섭계 방식 (SAFIR)

VHF/UHF대 전자파 펄스의 위상차를 구하여 수신방위를 결정하는 방식이다. 이 방식은 운간방전 및 대지방전(낙뢰) 양자 검출이 가능하다.

간섭계 방식(SAFIR)의 뇌격방전 상황도(예)를 앞의 [그림 1−32]에 보였다.

5.3 뇌격감지 및 경보방식의 분류

기본적인 뇌격감지방식에 의거한 실제적 뇌격감지/경보 시스템을 관측/감지항목 및 방식별로 분류하면 다음의 [표 1−11]과 같다.

[표 1−11] 뇌격감지 / 경보방식의 종류

관측 / 감지항목		관측 / 감지방식
뇌격성상	뇌격전류	• 자석강편 • 션트(shunt) 저항/CT/분압기
	뇌격빈도/ 낙뢰위치	• 낙뢰위치표정 시스템(LLS) 　(Lightning Locating System) • 낙뢰위치측정/추적 시스템(LPATS) 　(Lightning Position And Tracking System) • 뇌격예지/경보시스템(SAFIR) 　(Surveillance et vátelte Foudre par Interfero-metrie 　Radio-electrique) • 뇌격탐지장치(ESID) 　(Electrical Storm Identification Device)
	뇌격경로	• 광학관측장치(Camera) • 뇌격방전진행 자동관측장치 　(ALPS : 카메라＋광처리장치) 　(Automatic Lightning discharge Progressing feature 　observation System)
	전자계	• 안테나(antenna) • 패스트 안테나(fast antenna) • 필드 미러(field mirror) • 루프 안테나(loop antenna) • 침단형 코로나(corona) 전류계
뇌격서지		• 서지 자동계측장치(변전소, 송전선로 등)
뇌격상황		• 기상 레이더(radar) • 도플러 레이더(doppler radar) • 뇌격방전 계수기(counter)

5.4 근접뇌격 경보방식의 원리

근접뇌격 감지/경보방식에는 용도별로 다양한 종류가 있으며, 대별하여 뇌격방전에 의한 전자파 감지방식과 전계감지방식으로 구분된다. 여기에서는 야외 개방지역의 인명안전을 위해 설치되는 대표적인 근접뇌격 감지/경보방식에 대하여 동작원리, 특성 및 주요 구성을 서술한다.

[1] 전자파 감지형 뇌격경보방식 (ESID ; Electrical Storm Identification Device)

(1) 뇌격경보방식(ESID)의 원리

근접뇌격 경보방식은 정확하고 신뢰성이 높은 낙뢰 및 운간방전 정보를 제공하는 전방위성 뇌격감지방식이며, 뇌격의 근접거리 범위에 의거하여 광역의 뇌격정보를 제공한다.

이 시스템은 일반적으로 뇌격시의 전계변화, 섬광, 방사선 등을 감지, 분석하여 낙뢰와 운간방전을 구별하고 실증된 뇌격판정의 알고리즘(algorism)을 이용하여 경보(alarm)을 출력한다. 센서(sensor)로 검출된 뇌격 데이터는 표시장치로 전송되며 전계강도, 패턴(pattern) 및 다중뇌격 횟수가 고속으로 연산되고 센서의 설치위치를 중심으로 한 반경으로 환산되며 낙뢰위치가 표정된다.

또한, 일정 시간대 지역화면에서의 누적 낙뢰횟수를 적산하고 이 누적수치에 의거하여 뇌격의 접근경보를 출력한다. 일반적으로 광센서 사용시에는 대지 낙뢰시에 발광하는 빛을 포착하여 낙뢰검출을 확인하고 운간방전과 같이 발광을 동반하지 않는 뇌격현상, 즉 대지방전과 운간방전을 구별한다.

(2) 뇌격경보방식(ESID)의 특성

근접뇌격 경보설비는 일반적으로 반경 약 100 km 이내 지역 내의 낙뢰를 감지하며 각 반경 거리 단계별 지역범위로 누적 표시한다.

이 시스템은 대지낙뢰(cloud to ground lightning)와 운간방전(clouds discharge)을 구별하여 검출한다. 이에 의해서 대지낙뢰에 이르기 전의 뇌운발달 도중의 양상을 추정 가능하므로 사전에 뇌격경보를 발보하는 것이 가능하다.

이 시스템은 단위시간당의 대지낙뢰나 운간방전의 횟수가 설정횟수 이상 연속 검출되면 외부에 경보를 발보하거나 다른 기기를 제어하도록 한다.

(3) 뇌격경보방식(ESID)의 구성

근접뇌격 경보방식은 기본적으로 감지센서, 표시장치 및 데이터 기록장치로 구성되며 [그림 1-33]에 이 시스템의 구성도를 보인다.

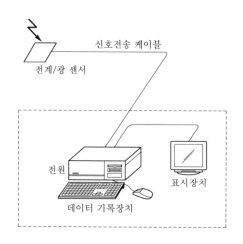

[그림 1-33] 근접뇌격 경보설비의 구성도 (예)

이 주요 장치별 구성 및 기능은 다음과 같다.

① 감지센서

감지센서는 다음의 요소로 구성된다.
- 낙뢰의 발생을 감지하는 전계 또는 광센서
- 낙뢰시의 섬광을 검출하는 광센서
- 신호처리장치

② 표시장치

표시장치는 모니터(CRT) 또는 액정화면의 지도상에 실시간(real time)으로 수신된 뇌격정보를 표시한다.

③ 데이터 기록장치

데이터 기록장치는 뇌격정보를 기록하고 분석 등을 수행한다.

(4) 뇌격경보방식(ESID)의 적용

인명안전 및 장비보호를 위하여 설치되는 근접뇌격 경보방식의 주요 적용장소는 다음과 같다.

▪ 집회장	▪ 학교	▪ 컴퓨터 센터
▪ 석유/화학공장	▪ 여름학교시설	▪ 해변시설
▪ 부두시설	▪ 항구/접안시설	▪ 해상안전시설
▪ 선박	▪ 공항	▪ 헬기장

- 기상대
- 운동장
- 골프장
- 야외전시장
- 송전선로
- 광산
- 탑 건설공사장

- 레이더 기지
- 유원지
- 경마장
- 종교시설/성지
- 야외군사시설
- 고속도로 건설공사장

- 공원
- 체력단련장
- 야외수영장
- 발/변전소
- 산장
- 건축공사장

[2] 전계감지방식 뇌격경보방식

전계감지방식은 뇌격전계 하에서 대지 지표면의 전계변화, 즉 전계강도를 감지하는 방식이다. 전계감지방식의 기본 동작원리도(예)를 다음의 [그림 1-34]에 보인다.

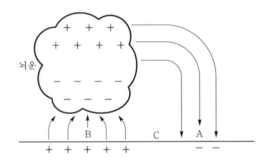

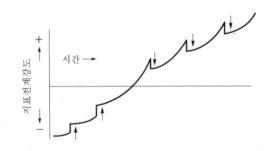

[그림 1-34] 전계감지방식의 기본 동작원리도(예)

전계감지방식의 기본 동작원리도에서 지표면 전계는 A 지점에서 하향으로 부극성(−), 직하의 B 지점에서는 상향으로 정극성(+)으로 된다.

A 지점에서 지표면 전계값을 측정하면 뇌격방전이 발생하는 경우에 순간적으로 감소하고 부극성(−)으로부터 정극성(+)으로 변하고 이후, 점차적으로 증가한다. 이 전계의 급변

화분의 적산값과 전계 강도값을 측정하고 양 데이터를 조합처리하여 단계별 뇌격경보를 발생시키는 방식이다. 이 전계감지장치(예)를 다음의 [그림 1-35]에 보인다.

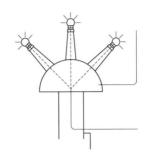

[그림 1-35] 전계감지장치 (예)

5.5 근접뇌격 경보방식의 비교

근접뇌격 경보설비의 방식별, 즉 전자파 감지방식 및 전계감지방식의 주요 특성을 비교하면 다음의 [표 1-12]와 같다.

[표 1-12] 전자파 / 전계 감지방식의 주요 특성 비교

항 목	전자파 감지방식	전계감지방식
뇌격 감지범위	100 km 이내	30 km 이내
데이터 처리방식	뇌격방전 빈도에 의한 낙뢰 예측	전계의 극성 및 강도변화에 의한 낙뢰 예측

5.6 뇌격 경보방식의 선정

낙뢰 가능성이 높은 야외의 넓은 지역은 자연현상인 낙뢰로부터 광범위하게 노출되어 있어 지금까지의 어떠한 방법으로도 낙뢰에 대한 완벽한 보호가 될 수 없는 것으로 알려져 있다. 따라서, 이러한 지역에서 낙뢰사고, 특히 인명사상 사고를 예방하기 위해서는 뇌격의 규모, 강도 및 동향을 감지하여 낙뢰시에 경보 또는 대피조치를 할 수 있게 하는 근접뇌격감지 및 경보설비의 설치는 필수적이다.

가시적인 컴퓨터 지도화면 표시로 낙뢰시에 뇌격의 규모, 강도 및 동향을 표시하여 정확한 낙뢰예지 판단을 할 수 있게 해주는 근접뇌격감지/경보설비가 이러한 면에서 가장 효과적인 시스템이 된다. 그러므로 근접뇌격 경보 시스템의 설치는 분명히 낙뢰노출 및 가능지역의 낙뢰사고, 특히 인명사고를 예방하는데 현저한 역할을 수행할 것이다.

MEMO

제 2 장

접지기술

접지의 개요

접지는 기본적으로 각종 설비, 구조체 등을 도체에 의해 대지와 전기적으로 접속하는 것이다. 전지는 도전성이 있는 대면적의 물체를 전위의 기준으로 취하는 기술적 방식이다.

접지는 엄밀하게는 대지접지(earth)와 기준접지(ground)로 구분되지만 최근에는 양자가 혼용되어 사용되고 있다. 대지접지는 대지(지구)전위 접지의 의미이며 대지, 즉 지구를 전위의 기준도체로 취하는 방식이다. 기호로는 'E'가 사용된다.

기준접지는 기기 또는 시스템 내부의 넓은 면적의 도체(회로 기판, 장치 외함 등)를 전위의 기준도체로 취하는 방식이다. 기호로는 'G'가 사용된다. 특히, 정보통신설비의 접지에 이 기준전위 접지(G)가 적용된다.

국제전기표준회의(IEC)에서 표시된 접지기호를 다음의 [그림 2-1]에 보인다.

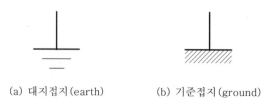

(a) 대지접지(earth)   (b) 기준접지(ground)

[그림 2-1] IEC의 접지기호

접지되는 설비에는 전력, 신호, 정보통신, 유무선, 전산 등의 각종 전기설비와 피뢰침, 가공지선 등의 피뢰설비 그리고 유도장해 방지설비, 전식방지설비, 정전기 제거설비 등의 설비가 있다.

접지를 시행하기 위해서는 대지에 전기적인 단자극을 설치하여야 하며, 이 역할을 하는 것이 전지전극이다.

그리고 이 접지전극과 접지되는 각종 설비를 접속하는 전선이 접지선이다. 단, 피뢰침의 수뢰부(피뢰침)와 접지전극을 접속하는 도선은 피뢰도선이라고 한다.

접지전극으로는 동, 철, 알루미늄 등의 봉, 선, 대상(띠) 형태가 사용되며 탄소봉, 도전성 콘크리트 등의 탄소계 전극과 같이 부식되지 않는 비금속체도 사용되고 있다.

접지선은 그 종류 및 굵기가 규정되어 있으며 중요한 시설이므로 기계적 강도가 약하기 않은 것을 사용하여야 한다.

접지는 다른 전기설비에 비해서 단순한 설비로 간주되기 쉬우나 전기설비의 사고, 고장 또는 뇌격 서지 침입시에 감전사고로부터의 보호, 전기기기의 절연파괴를 방지하는 등의 중요한 기능을 수행하는 매우 중요한 설비이다.

그러므로 접지설비의 계획, 설계, 시공에서는 접지가 필요한 모든 설비의 전체 시스템을 감안하고 경제성, 시공성을 고려한 접지설비를 기술적으로 구성 및 설치하여야 한다. 이러한 기술을 총칭하여 접지기술이라고 한다.

1.1 접지의 목적

접지는 기능에 따라 강전용 접지와 약전용 접지로 대별된다. 강전용 접지는 보안용이며 상시에는 접지계에 전류가 흐르지 않는다. 이에 반해 약전용 접지는 회로 기능용이며 상시에도 접지계에 전류가 흐른다.

이와 같이 이 2종류의 접지는 큰 차이가 있다. 접지의 목적에는 여러 종류가 있으며 다음에 접지의 종류, 목적 및 효과에 대하여 기술한다.

[1] 강전용 접지

(1) 계통접지

전력계통에서 지락사고, 고압 및 저압회로 혼촉사고 등에 의해 발생하는 2차측 이상전압을 억제하기 위하여 시행하는 접지이다.

(2) 지락검출용 접지

송전선, 배전선, 고저압 모선 등의 지락사고시에 발변전소 등의 보호계전기가 신속하고 확실하게 동작하도록 하는 접지이다.

그리고 각종 저압회로에 설치되어 있는 누전경보기, 누전차단기 등이 확실하게 동작하도록 전원 변압기의 2차측에 시행하는 접지이다.

(3) 기기접지

낙뢰, 전기설비의 사고 등의 경우에 전기기기의 절연이 열화되거나 손상되는 경우, 누전에 의한 감전사고 및 화재사고를 방지하기 위한 접지이다.

(4) 뇌해방지 접지

뇌격전류를 대지로 방류하기 위한 접지로 뇌격전류에는 직격뢰에 의한 것과 유도뢰에 의한 것이 있다.

뇌해방지 접지의 대표적인 것은 피뢰침 접지이며 가공지선의 접지, 각종 피뢰설비, 피뢰기, 보안기 등의 접지를 포함한다.

[2] 약전용 접지

(1) 전자유도장해 방지 접지

송전선, 전차선 등의 전력선에서의 전자유도에 의한 장해를 경감하기 위한 수단으로 설치되는 차폐선, 차폐 케이블 등의 접지이다. 이 접지에서는 접지저항이 낮다.

(2) 통신장해 방지 접지

외래 잡음의 침입에 의해서 컴퓨터, 정보통신 등 전자장치의 오동작, 통신품질의 감소를 방지하거나 또는 전자장치에서 발생하는 고조파 에너지가 외부로 누설되어 다른 기기에 장해를 주지 않도록 시행하는 접지이다.

이 접지에는 전자기기의 차폐 외함(shield case), 차폐 케이블(shield cable), 절연변압기(insulated transformer)의 정전 차폐(electrostatic shield), 전자기기의 입력회로에 삽입되는 필터(filter), 차폐실(shield room) 등 많은 종류가 있으며 잡음방지용 접지이다.

(3) 회로기능 접지

전기회로의 기술상 또는 측정 기술상, 대지를 회로의 일부로 사용하는 경우에 필요한 접지이다. 예를 들면, 무선통신용 안테나 회로, 송전선 코로나 손실측정회로, 간이 통신회선 등에 적용된다. 또한, 전식방지설비에서 방식전류를 지중 또는 해수로 흐르게 하는 경우의 방식용 접지도 이 회로기능 접지에 포함된다.

(4) 정전기 장해 방지 접지

마찰 등에 의해 정전기가 발생하는 장치 또는 물체를 취급하는 장소에서 정전기 장해를 방지하기 위하여 시행하는 접지이다. 화학섬유, 플라스틱 등의 정전기가 발생하기 쉬운 물질이 있는 장소에서 집적회로(IC ; Integrated Circuit)와 같은 내전압이 낮은 부품을 사용하는 전자기기 조립 장소에서 정전기 장해를 방지하기 위하여 접지를 시행하는 것이다.

정전기 장해 방지 접지는 다른 접지와는 다르게 대전된 물체에서 전하를 대지로 방류하도록 누설저항이 상시 $10^6\Omega$ 미만이면 충분히 그 목적을 달성할 수 있으므로 접지저항은 $10^6\Omega$ 미만이면 충분한 것으로 하고 있다. 이 경우 너무 낮은 접지저항으로 접지되면 불꽃방전이 발생하여 역으로, 기기를 파손시킬 우려가 있다.

이상과 같이 접지의 목적에는 인축에 대한 감전방지, 전기기기 또는 건축구조물의 장해, 재해를 방지하는 것과 전기회로의 기능상 접지효과에 따라 동작을 안정시키는 것이 있다.

그러므로 사용목적에 따라 접지전극을 각각 설치하는 것이 이상적이지만 현실적으로는 접지를 공용하는 경우가 많다.

1.2 접지공사의 종류

기본적으로 접지공사는 '전기설비기술기준'에 의거하여 접지저항값이 설정된다. 그리고 전로에 시설하는 기계기구의 종류별 기기접지가 지정되어 있다. 그러나 약전용 기능접지에 대해서는 설비 각각의 독자적 규정에 따라 접지가 시행되어야 한다.

접지전극으로는 동, 철, 알루미늄 등의 금속 봉, 판, 선(동연선, 철연선, 강연선 등)이 사용되며, 탄소계 전극(탄소 봉, 도전성 콘크리트 등)과 같이 비금속도 사용된다.

접지선은 강전용 접지에 대해서는 접지선의 종류 및 굵기가 지정되어 있으나 약전용 접지에 대해서는 특별히 규정되지 않는다. 그러나 접지선은 중요한 시설이므로 너무 가는 전선은 기계적 강도가 약하므로 사용하지 않는 것이 좋다.

 접지공법

접지방식의 선정시에 기본적으로 고려해야 하는 가장 중요한 기술적 요소는 접지공법 및 접지저항 특성이다.

이에 실제적으로 시공되고 있는 각종 접지공법의 주요 특성, 접지저항 저감법, 접지방식 선정시에 반드시 고려해야 하는 정상 및 과도 접지저항 특성에 대해서 기술한다.

그리고 낮은 접지저항을 얻기 어려운 지역에서 사용되는 도전체 대상전극(conductive grounding electrode) 방식에 대하여 뇌격전류의 도체 및 토양중의 전파, 방산특성 등의 면에서 접지성능을 기술한다.

2.1 접지공법의 종류

접지공사에서 원하는 접지저항값을 확보하기 위해서는 매설할 접지전극의 종류를 선정해야 한다. 이 경우에 당연히 용지의 형태, 시공 가능한 면적 및 건물 등에 따른 제약이 있으며 더불어 향후 공사계획에 대한 고려 등도 필요하게 된다.

무엇보다도 최근에는 발변전소 설비, 송전선 철탑, 무선 중계소 등의 제 설비가 환경문제나 용지부족 등의 이유로 대지저항률이 매우 낮은 높은 산악지대에도 건설되므로 협소한 부지에서 경제적인 접지를 얻기 위한 접지저항 저감공사가 필요하게 되었다.

현재 시행되고 있는 대표적인 접지공법 및 특성을 [표 2-1]에 보인다.

[표 2-1] 대표적 접지공법 및 특성

접지공법		시공방법	대지저항률	시공면적	경년변화	경제성
접지봉공법	타입식	• 연결식 접지봉을 지표면에서 타입	저	소	양호	우수
	보링식	• 보링공에 전극과 도전성 물질을 충전	고	소	우수	불량
접지판공법	접지판	• 금속판을 수평 또는 수직으로 매설	저	중	우수	양호
	도전성 콘크리트 대상전극	• 도선의 주위에 도전성 콘크리트를 충전	고	중	우수	우수
매설지선 공법		• 도선을 직선, 성형 등의 형태로 수평 포설	중	중	양호	양호
메시접지 공법		• 매설지선을 망 형태로 수평 매설	중	대	양호	가변
접지저항 저감법	도전질계 저감제	• 매설지선 등의 주위에 도전질계 물질을 충전 • 산악지대 등 대지저항률이 높은 장소에 최적	고	중	우수	양호
	전해질계 저감제	• 접지극의 주위에 전해질계 용액을 주입하여 토양개량 • 인축, 식물에의 영향에 주의	중	중	주의	양호

봉전극(타입식) 및 판전극(접지판)은 최근 일반적으로 널리 사용되고 있는 공법으로 대지저항률이 낮은 장소($\rho = 100\Omega \cdot m$ 이하)에서 특별히 낮은 저항값(10Ω 이하)이 요구되는 장소 이외에는 거의 문제없이 시공이 가능하다.

대지저항률이 $200\Omega \cdot m$ 이상의 고저항률 지역에서는 접지시공이 가능한 면적, 토질, 지층구조 등을 충분히 조사하고, 동시에 접지전극의 종류, 공법 및 경제성 등을 신중하게 검토할 필요가 있다. 이와 같은 경우에는 이종공법의 병용이나 각종 접지저항 경감법을 시공할 필요가 있다.

도전성 콘크리트에 의한 대상전극은 접지저항 경감대책의 한 방법으로 적용되는 공법이다. 도전성 콘크리트 전극은 탄소계 접지전극 재료 등을 사용하는 접지전극으로 토양 중에 대형상으로 살포하여 자연 고형화시키거나 미리 성형 가공된 전극을 토양 중 또는 수중(해저 등)에 매설하는 등 토질(모래토양, 모래층 등)이나 지형(경사지, 해안 등)에 관계없이 광범위하게 사용가능하고, 또한 종래의 금속판 전극과 동등 이상의 성능을 가지는 전극이다. 그리고 전식방지 효과가 우수하므로 방식전극으로도 사용 가능하다.

그리고 최근 개발된 초내식성 접지전극은 매우 우수한 방식전극이다.

2.2 접지공법의 특성

접지공법에는 각 공법마다 시공표준이 있고 이에 의거하여 시공하는 것이 우선이며 보다 낮은 접지저항이 요구되는 경우에는 다른 공법을 병용할 필요가 있다.

다음에 각 접지공법에 대하여 개요를 기술한다.

[1] 타입공법

금속제 봉 또는 앵글 등을 지표면에서 해머(hammer)로 타입하는 방식으로 가장 간단하고 널리 사용되는 방식이다. 타입공법 접지를 다음의 [그림 2-2]에 보인다.

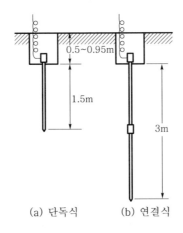

(a) 단독식   (b) 연결식

[그림 2-2] 타입공법 접지

타입전극에는 동복 강제봉으로 지름 $10 \sim 14\,mm$, 길이 $1.0 \sim 1.5\,m$의 것이 사용되고 2본, 3본을 연결하여 타입하는 경우가 많다. 그리고 동복 강판 S자형 봉, 스테인리스 강봉, 탄소봉 등도 사용되고 있다.

이 공법은 토질이 양호한 경우에는 편리하지만 토양 중에 모래, 암석, 암반 등이 혼재하는 경우에는 봉전극을 수직으로 타입하는 것이 불가능한 경우가 많다. 이러한 경우에는 보링공법 등의 다른 공법을 사용해야 한다.

[2] 보링공법

보링기계(boring machine)로 대지에 깊은 구멍($\phi 75 \sim 110$, 깊이 $5 \sim 100\,m$)를 굴착하고 그 구멍에 금속선, 금속대, 금속관 등을 삽입한 뒤에 주변공간에는 도전성 물질을 충전하여 전극을 구성하는 방식이다. 보링공법 접지를 다음의 [그림 2-3]에 보인다.

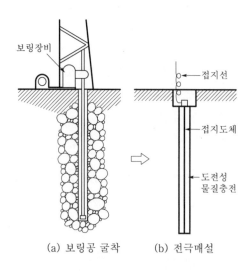

[그림 2-3] 보링공법 접지

이 공법은 지중의 깊은 장소에 대지저항률이 낮은 지층이 있는 장소에 유효한 방식이다. 대지저항률이 높은 장소에서 접지를 위한 시공면적이 협소하여 제한을 받는 경우에 불가피하게 적용되는 경우가 있으나 공사비가 높은 것이 단점이다.

그리고 전극이 깊게 매설되면 뇌격전류 등의 임펄스 전류(impulse current)를 포함한 전류에 대해서 과도 접지저항(surge impedance) 특성이 나빠지게 된다.

[3] 접지판

금속판을 깊이 50~70 cm 정도의 지중에 수평 또는 수직으로 매설하는 공법으로 매설되는 금속판은 주로 동판(예 : 900×900×1.5 mm)이 사용된다.

접지판 공법 접지를 다음의 [그림 2-4]에 보인다.

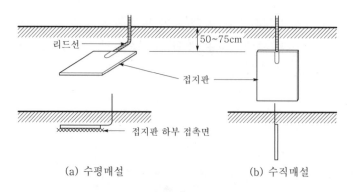

[그림 2-4] 접지판 공법 접지

스테인리스 판, 알루미늄 판, 아연도금 강판 등도 사용되며, 무엇보다도 반영구적으로 부식되지 않는 것을 선정해야 한다. 이 금속판 전극의 경우, 매설시에 전극과 토양이 잘 접촉하도록 충분히 주의할 필요가 있다.

특히, 수평으로 매설되는 경우, 하부면이 토양과 잘 접촉되지 않아 소요의 접지저항이 얻어지지 않는 경우가 있다.

이 공법은 과도 접지저항 특성이 양호하므로 일반적으로 피뢰침용 접지전극으로 많이 사용되고 있다.

[4] 도전체 대상전극 공법

이 공법은 접지판 공법의 특성을 살려서 금속판을 수평으로 길게 대상(띠 형태)으로 포설하는 대신에 도전성 물질(탄소계 도전성 콘크리트 등)을 대상으로 포설하는 방식이다. 도전체 대상전극 공법 접지를 다음의 [그림 2-5]에 보인다.

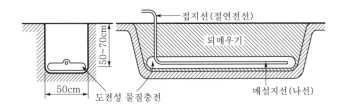

[그림 2-5] 도전체 대상전극 공법 접지

시공방법은 깊이 $50 \sim 75$ cm, 폭 50 cm 정도의 피트(pit)를 굴착하고 나동선을 포설한 뒤, 도전성 물질(도전성 콘크리트 등)로 도체를 완전히 둘러싸도록 포설하는 것으로 매설 후, 토양 중에 대상전극을 형성하게 되는 것이다.

이렇게 형성된 전극은 금속판 전극과 동등 이상의 성능을 가지는 외에 금속판과는 다르게 토양과의 접촉이 양호하므로 계산값 대로의 저항값이 얻어진다.

그리고 이 방식은 토질(모래 토양, 모래 지층 등)이나 지형(경사지, 해안 등)에 관계없이 광범위하게 사용 가능하며 전식 등의 부식에 대한 방식전극으로 사용된다.

[5] 매설지선 공법

지표면에 $50 \sim 75$ cm 깊이의 피트(pit)를 굴착하고 이 속에 나동선(동선, 철선, 강연선 등)을 매설하는 공법이다.

매설지선 공법 접지를 다음의 [그림 2-6]에 보인다.

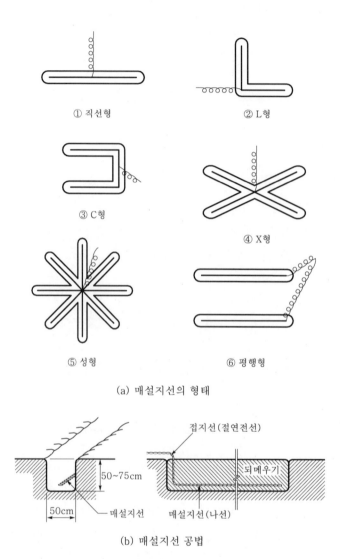

① 직선형

② L형

③ C형

④ X형

⑤ 성형

⑥ 평행형

(a) 매설지선의 형태

접지선(절연전선)

50~75cm

50cm

매설지선

매설지선(나선)

되메우기

(b) 매설지선 공법

[그림 2-6] 매설지선 공법 접지

이 방식은 타입공법으로 깊게 타입이 되지 않는 모래 혼재층이나 암반지대 등에서도 시공이 용이하고 특별한 장비가 필요 없이 간단하게 시공할 수 있는 공법이다.

지선을 매설하는 형태도 지형상황에 따라 직선만으로 하지 않고 L형, C형, X형, 성형(방사형), 평행형 등 자유로운 형태로 시공이 가능한 특성이 있다.

이 경우에 매설지선의 단말부에서 접지선을 인출하지 않고 그 중앙부근에서 인출하게 되면 서지 임피던스가 작아지고 특성이 양호한 접지가 얻어진다.

매설 나동선으로는 경동연선 38~60 mm² 정도의 것이 많이 사용되고 있으며 비용을 고려하여 철선이나 강연선을 사용하는 경우도 있다. 그러나 이 경우 부식면에서는 그다지 좋지가 않다.

[6] 메시(mesh) 접지 공법

이 공법은 매설 접지선 공법과 동일하게 나동선을 매설하는 방식이지만 도선을 망상(mesh)으로 구성하는 방식이다.

메시접지 공법을 다음의 [그림 2-7]에 보인다.

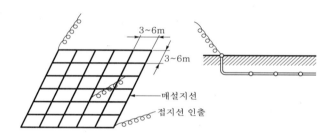

[그림 2-7] 메시접지 공법

일반적으로 메시의 눈금 크기는 3~6 m 정도가 일반적으로 사용되고 있다. 메시접지는 낮은 접지저항을 얻기 위해서도 사용되며, 주로 발전소나 변전소 등의 구내에서 낙뢰 또는 전력계통 지락사고 등의 경우에 지표면의 전위경도를 감소시키기 위해 사용되는 공법이다.

사용 도선은 일반적으로 38~60 mm²의 동연선이 사용되며 100 mm² 이상의 것이 사용되는 경우도 있다.

이것은 사고시의 전류용량을 고려한 것이기도 하지만 그보다는 부식을 고려하여 굵은 전선을 사용하는 것이다. 부식을 고려하는 경우에는 방식전극을 사용하는 것도 한 방법이 된다.

2.3 접지저항 경감법

각종 접지공법으로 접지전극을 시공하여도 소요의 접지저항을 얻기 어려운 경우에는 접지전극의 수를 증가시키는 외에 인위적으로 토양의 저항률을 감소시키는 접지저항 경감법이 사용된다.

접지저항 저감제로는 일반적으로 도전질계 저감제와 전해질계 저감제가 사용된다.

도전질계에 의한 저감법을 [그림 2-8], 전해질계에 의한 저감법을 [그림 2-9]에 보인다.

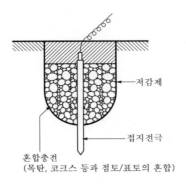

[그림 2-8] 도전질계에 의한 경감법

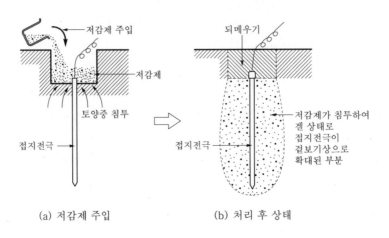

(a) 저감제 주입   (b) 처리 후 상태

[그림 2-9] 전해질계에 의한 저감법

2.4 정상 및 과도 접지저항 특성

접지공사의 시공시에 반드시 고려해야 할 사항으로 일반 접지저항계로 측정한 정상 접지저항(직류저항 : DC resistance)과 고주파 또는 임펄스 전류로 측정한 과도 접지저항(서지 임피던스 : surge impedance)의 사이에 차이가 있다는 것이다.

일반적으로 규정에 명시되어 있는 접지저항값은 정상 접지저항값이다. 뇌격 서지 전류, 계통 지락전류 등의 고주파 전류의 경우에는 과도 접지저항, 즉 서지 임피던스를 반드시 고려하여야 한다.

정상 접지저항과 과도 접지저항의 변화도를 다음의 [그림 2-10]에 보인다.

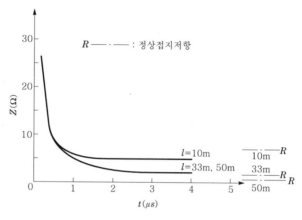

(a) 심타 접지봉의 정상/과도 접지저항 변화

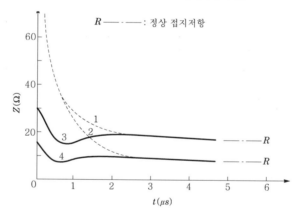

(b) 매설지선의 정상/과도접지저항 변화

[그림 2-10] 정상 접지저항과 과도 접지저항의 변화도

일반적으로 접지봉 또는 접지판에 의한 짧은 길이의 접지의 경우에는 정상 접지저항과 과도 접지저항 사이에 큰 차이가 없으나 접지극 또는 접지판의 길이가 길거나 대지저항률이 높은 지역에서 매설지선에 의한 접지의 경우에는 시공방법, 접지선(인출선)의 접속위치(말단 또는 중간부 등)에 따라서 과도 접지저항값이 다르게 된다.

동일한 길이의 매설지선의 경우, 일직선보다도 분할하여 방사형으로 매설하는 경우에 과도 접지저항값이 낮게 된다. 그러나 이 경우에 정상 접지저항값은 높게 된다.

이러한 현상은 심타식 접지공법(보링공법 포함)에 의한 전극에서도 나타나므로 심타식 접지시공의 경우에도 상황에 따라 전극을 분할하는 것이 기능적, 경제적으로 유리하다.

2.5 도전체 대상전극의 특성

[1] 도전체 대상전극의 구성

도전체 대상전극(conductive grounding electrode)은 낮은 대지 접촉저항을 나타내는 도전성 물질(도전성 시멘트 등)로 둘러싸인 동도체로 구성된다.

도전체 대상전극의 접지(예)를 다음의 [그림 2-11]에 보인다.

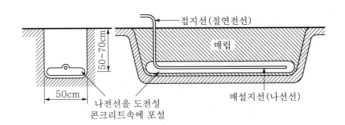

[그림 2-11] 도전체 대상전극의 접지(예)

도전체 대상전극은 토양 중의 뇌격전류가 표피전도 효과를 가지는 특성을 이용하는 방법이다. 이 접지극은 열악한 토양조건에서도 매우 낮은 대지저항을 제공하며, 일반 매설 접지선 또는 접지봉과 다르게 장기간 사용시에도 내부도체가 부식으로부터 보호된다. 도전체 대상전극은 대지 접촉면적이 넓어서 접지저항 측정기로 측정시에 접지저항이 낮으므로 표준적으로 상용주파수의 저주파 전류를 적용한다.

이 접지극은 판형 기하학적 구조를 가지므로 뇌격전류에 대해서 보다 낮은 임피던스를 제공하며, 이는 무선 주파수 영역에서 가장 센 요소이다. 이 접지극은 얕은 표피의 복층암반에서도 설치가 매우 편리하다.

이 접지극은 높은 고유저항의 토양에서도 낮은 저항 및 임피던스를 제공한다. 그리고 도전성 물질(도전성 콘크리트 등)은 자체 내구성이 있고 이 속에 포설된 도체는 실질적으로 부식으로부터 보호되므로 이 접지극은 거의 영구적이다.

일반적으로 뇌격전류의 토양 중 방산면에서 전극의 효율은 전극의 표면적 및 수평설치 길이의 함수로 된다. 즉, 넓은 표면적은 넓은 접촉면적을 제공하고 저저항에 기여한다. 그리고 긴 수평설치 길이의 전극은 뇌격전류를 신속하게 방류시키고 뇌격전류의 수평요소를 이용한다.

[2] 뇌격전류의 표피효과 (skin effect)

뇌격전류는 대지의 표면에 근접하여 집중하는 경향이 있다. 대지는, 일반의 전기도체와 같이, 표피효과(skin effect)를 나타낸다. 즉, 주파수가 높아질수록 대부분의 전류가 도체의 표면에 근접하여 집중하는 현상이다.

n겹의 표피깊이, 즉 전류가 1/n로 감소되는 깊이는 다음 식으로 표현된다.

$$S = 0.5 \times \sqrt{t \cdot \rho}$$

여기서, S : 표피깊이(km)

　　　　 t : 전류변동시간(s)

　　　　 ρ : 고유저항($\Omega \cdot$ m)

예로, 뇌격의 지속시간이 50 ms이고, 대지의 고유저항이 250 $\Omega \cdot$ m인 경우에 이론적인 표피깊이는 0.056 km, 즉 56 m 가 된다. 물론, 대지는 균일지층이 아니고 매우 복잡한 복합도전성 지층으로 구성되어 있으므로 실제적인 측정결과는 이론적인 수치와는 크게 차이가 나타난다. 이를 단순화하기 위하여 대지의 도전성이 균일지층에서만 발생하는 것으로 가정한다. 가끔 2중 또는 그 이상의 지층모델로 가정되기도 한다. 어느 경우에 있어서도 이 이론식은 접지전극의 설계에 유용한 지침이 되고 있다.

대지저항을 결정하는 접지저항 측정기는 표준적으로 128 Hz의 방형파 시험전류를 사용한다. 상기의 식에서 1/128초의 도통시간을 적용하면 기본 주파수 전류에 대한 표피깊이는 700 m가 되며, 이 수치는 뇌격시보다 큰 크기가 된다.

지중 매설되어 있는 통신 케이블에 대해서 수년간 관측한 결과에 의거하면 뇌격전류는 대지속으로 전파되기보다는 케이블에 근접한 대지표면에서 섬락(arc)을 발생하기 쉽다는 것이 확인되었다.

뇌격전류의 표피전도성의 또 다른 징후는 섬전암(전광에 의해서 모래 또는 바위 속에 생긴 유리질의 통 형태 : fulgurite)이 발견된 깊이에 의해서 입증되었다.

섬전암은 모래 또는 바위 속에 뇌격전류 통로를 따라 형성된 유리질의 용융 실리케이트(silicate) 관(tube)이다. 섬전암은 모래 속 약 18 m 깊이에서 발견되어 왔으며, 이 깊이는 250 $\Omega \cdot$ m 토양에서 50 ms 동안의 뇌격통전에 대한 표피깊이의 약 1/3이다.

뇌격전류는 가끔 대지의 직접 표면에 흔적을 남기기도 한다. 길이 30 m를 초과하는 패인 고랑이 뇌격과 지중매설 케이블 사이의 섬락 발생 대지경로를 따라서 발견되어 왔다. 또한, 가끔 뇌격지점의 잔디에 수지상 탄흔 패턴(pattern)이 발견되고 있다.

이것은 섬락에 의해 애자에 발생된 수지상 탄흔 패턴(표면 파괴전도) 및 섬락사고 희생자의 피부에 보이는 화상패턴과 유사하다.

뇌격전류는 접지저항 측정전류에 비해서 표피전도 특성을 가지며, 접지저항 측정기를 사용하여 전극을 측정하는 것은 뇌격전류에 대한 전극의 반응을 정확하게 반영하지 못할 수 있다.

전극은 낮은 측정 직류 저항뿐만 아니라 정확한 동적반응(즉, 뇌격전류에 대한 저 임피던스)에 맞도록 설계되어야 한다.

[3] 매설지선의 임피던스

도전체 접지극(groundbed)은 기본적으로 두꺼운 매설 접지선이며 일부 매설 접지선의 이론은 도전체 접지극 방식의 이해 및 설계에 유용하다. 기본적으로 매설지선의 임피던스는 시간에 따라 변한다.

일반적으로 편단이 가압된 단일의 매설지선은 토양조건에 따라 150~200Ω 범위의 서지 임피던스를 가지는 단일도체의 송전선으로 작용한다. 뇌격전류 서지가 이 도체 또는 매설 접지선을 따라서 전파되는 경우 서지 전류는 개방단에서 부가 서지를 동반하고 180° 위상이 반대로 되어 반사된다.

그래서 반사 서지가 뇌격 발생지점으로 회귀하여 접근하면서 서지 임피던스는 매설지선의 길이와 서지 전파속도에 따른 시간간격 이내에 최종적으로 직류(DC) 저항값(감쇄효과에 기인함)로 감소하게 된다.

매설도체에서 서지는 개략 광속도의 1/3 속도로 전파된다. 예를 들면, 305 m 길이의 매설지선에서 서지는 6 ms 이내에 종단까지 전파되고 개방단에서 반사되어 회귀한다.

이 시간 중에 임피던스는 약 150Ω의 초기 서지 임피던스에서 직류(DC) 저항(접지저항 측정기로 측정된 값) 또는 누설저항에 근접하는 값으로 감소한다.

매설지선을 짧은 길이로 분할하는 경우에 부가적인 장점은 분할된 길이의 수에 동등한 요소 만큼 전이시간이 감소된다. 즉, 4개의 분할된 길이에 대해서 전이시간은 1/4로 감소된다.

일반적으로 매설지선이 4개를 초과하여 사용되면 서지 임피던스는 경미하게 감소하므로 별로 장점이 없게 된다. 그리고 대부분 매설지선의 서지 임피던스는 길이에 따라 증가하므로 4방향 배치에서 76 m 길이를 초과하는 성형배치 각형 매설지선은 큰 장점이 없다. 그러나 최소한 12~15 m를 초과하는 개별 각형 매설지선은 서지가 반대로 반사되기 전에 충분히 감소(토양 중 방산에 기인함)되는 것이 확실하므로 권장된다.

물론 이것은 전선 형태의 매설지선에 해당된다. 도전상 접지극은 1/3 길이만으로 저저항을 수행할 수 있다.

뇌격파의 파형 전단부는 뾰족하므로 전극에서는 낮은 서지 임피던스가 바람직하다. 설비에 침입하는 서지 전압은 전극의 임피던스 및 뇌격전류의 상승률에 비례한다. 전단부 진행 시간 중에는 서지 임피던스가 중요하다.

이후 임펄스의 후단부에서는 누설저항(직류저항)이 중요하다. 누설저항은 토양의 고유저항과 도체길이에 따라 1~10 ms 이내에 도달된다.

서지 임피던스는 전단부 진행 중에 낮아야 하고, 누설저항은 후단부에서 낮아야 하는 것은 중요하다.

매설지선이나 도전상 접지극을 병렬 배치하여 저임피던스를 수행할 수 있다. 재료의 총길이를 충분히 길게 하여 저저항을 만들 수 있다. 매설지선과 도전상 접지극은 동시에 같이 사용되더라도 저저항 토양보다 고저항 토양에서 더욱 유용하다. 저저항 토양에서 도전상 접지극은 매우 소형화되고 효율적이며 저렴한 접지극이 될 수 있다.

이러한 접지극은 암반지역을 포함하여 대지표면에 설치될 수 있다. 이 접지극과 대지 사이의 저항은 높을 수 있으나 건물주변의 전위분포(사람의 접촉범위 내에 있는 건물과 대지/암반 사이)는 마치 건물이 도전성 토양 위에 있는 것과 동일한 상황이 된다.

건물과 주변지역의 전위는 일치하여 상승 또는 강하한다. 또한, 이 상황에서는 뇌격전류를 분산방사하는 성능을 가지므로 장비에 대한 보호효과도 양호하다.

4방향 성형 매설지선이 전체 길이에 걸쳐서 암반표면에 고정 설치되거나 도전상 접지체가 암반에 설치되면 대지에 대한 직류(DC) 저항이 높은 경우에도 서지 전파 중에 대지 임피던스가 급속하게 감소한다. 보호성능은 대지에 대한 대형 매설지선판 또는 도전체 대상전극의 정전결합에 의거한다.

이 조건하에서 성형 매설지선을 설치하는 경우에 도체와 암반 사이에 섬락이 발생할 수 있으므로 도체는 전체 길이에 걸쳐서 암반과 접촉되도록 설치되어야 한다. 도전상 접지극은 특성상 긴밀하게 접촉되므로 이것은 별로 문제가 되지 않는다.

[4] 도전체 대상전극의 저항

일반적으로 도전체 대상전극의 저항은 다음 식으로 표시된다.

$$R = \frac{\rho}{2.73l} \log \frac{2l^2}{wd}$$

여기서, ρ : 토양의 고유저항($\Omega \cdot$ m)
   l : 길이(m)
   w : 폭(m)
   d : 깊이(m)

1~4개의 접지봉으로 구성되는 접지극은 접지봉이 낮은 고유저항(100$\Omega \cdot$ m 이하)을 가지는 토양에 설치되는 경우에 낮은 직류(DC) 저항을 가질 수 있다.

토양표면의 고유저항이 낮거나 토양깊이 3~6 m 이내에 낮은 고유 저항층이 있으면 접지극은 특히 잘 작용한다.

기타의 다른 조건하에서는 매설 접지선, 화학처리 접지극 및 도전체 대상전극 등의 보강 접지극이 악조건 하에서도 저저항을 수행할 수 있다.

도전상 접지극은 양호한 보강 접지극이며 최소의 점유면적과 경제적으로 구성할 수 있는 매우 양호한 1차적 접지극이다.

도전체 대상 접지전극의 길이와 소요비용은 필요한 목표 저항값에 따라 다르다. 이 방식은 다른 접지극과 비교하여 소요비용면에서 경제성이 있다.

[5] 도전체 대상전극의 임피던스

대부분의 매설 접지선, 도전체 대상 접지극, 심타 접지극(3~6 m 길이 이상) 등의 길이가 긴 접지극의 특성으로 서지 임피던스(surge impedance)가 있다.

이 특성면에서 도전체 대상 접지전극은 다른 접지극보다 낮은 서지 임피던스를 가지므로 매우 유리하다.

접지극의 서지 임피던스는 다음 식으로 표시된다.

$$Z = \sqrt{L/C}$$

여기서, L : 인덕턴스(inductance)

  C : 커패시턴스(capacitance)

예로, 매설지선(100 mm^2) 및 도전체 접지극의 서지 임피던스를 이 공식을 적용하여 계산, 비교한다.

(1) 매설지선의 서지 임피던스 계산

전선(도체)의 인덕턴스는 다음 식으로 표시된다.

$$L = 0.508 l \left[\left\{ 2.303 \log \left(\frac{4l}{d} \right) \right\} - 0.75 \right] \times 10^{-2}$$

여기서, l : 길이(cm)

  d : 지름(cm)

이 공식에 의하면 도체 100 mm^2(지름 11.7 mm)의 길이 40 m인 매설지선의 인덕턴스는 70.22×10^{-6} henry가 된다.

매설도체의 대지 커패시턴스는 상대적 위치의 면에서 다음 식으로 계산된다.

$$\frac{1}{C} = \frac{1}{2L} \left\{ \ln \left(\frac{4L}{a} \right) - 1 + \ln \left(\frac{2L + \sqrt{S^2 + 4L^2}}{S} \right) + \frac{S}{2L} - \frac{\sqrt{S^2 + 4L^2}}{2L} \right\}$$

여기서, $2L$: 길이(cm)

$S/2$: 깊이(cm)

a : 도체 반경(cm)

이 공식에 의하면 도체 $100\,mm^2$(반경 $0.584\,cm$)의 매설지선 $40\,m$ 길이, 깊이 $50\,cm$ 경우의 커패시턴스는 $3.35 \times 10^{-9}\,farad$ 된다.

이상 계산된 L 및 C의 값을 임피던스 계산공식에 대입하면 이 매설 접지선의 임피던스는 144.8Ω이 된다.

(2) 도전체 대상전극의 서지 임피던스 계산

도전체 대상 접지전극의 인덕턴스 및 커패시턴스는 다음의 추가 공식에 의해 계산된다. 도전체 접지극과 같은 대상(strip type) 도체의 인덕턴스는 다음 식으로 표시된다.

$$L = 0.508l\left\{2.303\log\frac{2l}{w+t} + 0.5 + 0.2235 \times \frac{w+t}{l}\right\} \times 10^{-2}$$

여기서, l : 길이(cm)

w : 폭(cm)

t : 두께(cm)

이 공식을 적용하면 길이 $40\,m$, 폭 $50\,cm$, 두께 $5\,cm$의 도전체 대상 접지전극의 인덕턴스는 $43.75 \times 10^{-6}\,henry$가 되며 도체단독의 경우의 인덕턴스보다 매우 작다. 도전체 대상 접지전극의 커패시턴스는 상대적 위치를 우선 고려하여 다음 식으로 계산된다.

$$\frac{1}{C} = \frac{1}{2L}\left\{\ln\left(\frac{4L}{a}\right) + \frac{a^2 - \pi ab}{2(a+b^2)} - 1 + \frac{S}{2L}\right\}$$

여기서, $2L$: 길이(cm)

$S/2$: 깊이(cm)

a : 폭(cm)

b : 두께(cm)

이 공식에 의해서 길이 $40\,m$, 깊이 $50\,cm$, 폭 $50\,m$, 두께 $5\,cm$ 경우의 커패시턴스는 $4.56 \times 10^{-9}\,henry$가 되며 도체단독의 경우보다 매우 크다. 그러므로 도전체 대상 접지전극의 임피던스는 97.9Ω이 된다.

이 임피던스값은 도체 $100\,mm^2$ 단독 매설 접지선의 경우의 약 2/3가 된다. 그 이유는 인덕턴스가 상대적으로 낮고 커패시턴스가 상대적으로 높아서 임피던스가 상대적으로 낮아지는 것이다.

(3) 서지 임피던스의 비교

이 예에서는 동일 길이의 매설 접지선과 도전체 대상 접지전극을 비교한 것이다. 실제적으로 동일한 저항을 얻는데에 도전체 접지극은 매설 접지선 길이의 1/3 길이이면 충분하므로 도전체 접지극은 매우 양호한 임피던스 장점을 가지는 것이다.

대부분의 경우에 도전체 대상 접지전극은 수평포설의 접지극임에도 불구하고 보호가 필요 없을 만큼 충분히 짧다.

이상 실제적으로 사용되고 있는 각종 접지공법의 특성, 접지저항 저감법, 정상 및 과도 접지저항 특성 및 도전체 대상 접지전극의 특성에 대해서 기술하였다. 이를 요약하면, 접지방식의 선정 및 시공시에는 해당지역의 지형, 토질, 토양 비저항 등의 제반조건을 감안하여 기술적 및 경제적으로 가장 적합한 접지공법 및 접지저항 경감법을 선정하여 적용하여야 한다. 그리고 접지방식 및 접지공법의 선정시에는 뇌격의 특성을 고려하여 정상 접지저항 뿐만 아니라 과도 접지저항을 반드시 감안하여야 한다.

이러한 견지에서 도전체 대상 접지전극은 뇌격전류가 대지에 전파시에 표피효과를 나타내는 매우 빠른 임펄스 전류인 사실에 근거한 접지공법으로 낮은 대지저항의 넓은 표면적을 가지며 다른 접지전극에 비해서 낮은 인덕턴스, 높은 커패시턴스 및 낮은 과도 임피던스를 제공하므로 기술적으로 합리적인 접지공법으로 판단된다.

3 접지저항

접지저항은 접지의 양부를 표현하는 것으로 접지저항값이 낮을수록 양호한 접지가 된다. 그리고 접지저항의 크기는 낙뢰 등의 사고의 경우에 그 피해의 대소에 깊이 관련이 있다. 이에 접지저항의 특성에 대하여 다음에 기술한다.

3.1 접지저항의 정의

접지저항의 정의를 다음의 [그림 2-12]에 보인다. 접지저항의 개념도에서 전극에 $I(\mathrm{A})$의 전류가 흐르고 이 전류가 접지전극으로부터 대지로 흐르는 것으로 한다. 이 경우 접지전극과 대지의 접촉저항, 전류가 흐르는 대지의 저항 등에 의해서 접지전극은 무한원의 대지에 대해서 전위가 상승한다. 이때 전위가 $E(\mathrm{V})$까지 상승하는 것으로 하면 옴의 법칙(Ohm's law)에 의해서 다음 식이 성립한다.

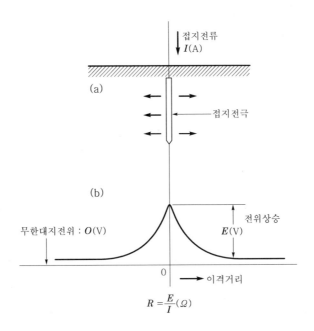

[그림 2-12] 접지저항의 정의

$$R = \frac{E}{I} \ (\Omega)$$

이 저항 R이 접지저항이 된다. 접지저항의 구성 개념도를 다음의 [그림 2-13]에 보인다.

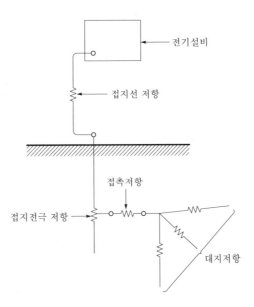

[그림 2-13] 접지저항의 구성 개념도

접지저항은 다음의 3요소로 구성된다.
① 접지선 저항 및 접지극 자체의 저항
② 접지전극과 대지 사이의 접촉저항
③ 접지전극 주변의 대지저항, 즉 대지저항률

이 3요소 중에서 요소 ①은 접지선 및 접지전극으로 가능한 한 미세선 또는 미세봉을 사용하지 않아야 문제가 없다. 요소 ②의 접촉저항은 접지전극 대부분이 금속체이므로 대지와의 접촉면은 면접촉보다는 점접촉으로 된다. 따라서, 접지공사 시행시에 매설, 지면다짐 등이 불충분하거나 전극을 타입하는 경우에 전극의 진동에 의한 간극이 발생하지 않도록 주의하여야 한다. 이 접촉저항은 장기간 경과시, 우수의 침투 등에 의해서 토양과 전극의 접촉성이 양호하게 되어 개선되는 것으로 나타난다.

접지저항에 가장 크게 영향을 미치는 요인은 요소 ③의 전극주변의 대지저항률이다.

접지전극의 형태, 치수가 결정되면 그 전극의 접지저항은 다음 식으로 표현된다.

$$R = \rho \cdot f$$

여기서, R : 접지저항값
  ρ : 대지저항률
  f : 전극의 형태, 치수에 의해 결정되는 상수

즉, 접지저항은 접지전극 주변의 대지저항률에 비례한다. 대지저항률이 낮으면 낮은 접지저항을 얻을 수 있다. 따라서, 접지공사의 설계, 시공에 있어서는 공사지점의 대지저항률을 충분히 조사 측정하고 이것을 기초로 하여 접지공법을 결정하는 것이 매우 중요하다.

3.2 대전류의 접지 특성

일반적으로 접지저항은 저주파수의 소전류에 대한 값으로 관리되고 있다. 그러나 뇌격전류와 같이 고주파, 대전류의 전류에 대해서 접지저항은 과도 특성 및 토중방전에 의한 전류의존 특성을 가지는 것으로 알려져 있다. 여기서는 임펄스 대전류에 대한 접지저항의 전류의존 특성에 대하여 기술한다.

상기의 예로 배전선로에서 콘크리트주에 최대 40 kA의 임펄스 대전류를 인가하는 경우의 접지저항 전류의존 특성에 대하여 측정한 결과를 다음의 [그림 2-14]에 보인다.

인가전류의 파고값이 커질수록 접지저항은 감소된다. 또한, 소전류 영역에서 접지저항이 클수록 대전류에 의한 경감효과가 큰 것을 알 수 있다. 그리고 인가전류의 파고값이 수 10 kA인 영역에서는 대지저항률에 관계없이 거의 동일한 값이 된다.

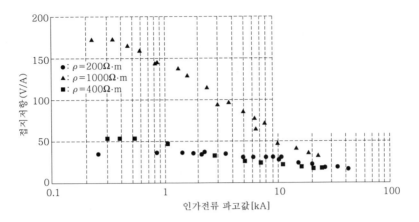

[그림 2-14] 접지저항의 전류의존 특성 (예)

접지저항의 경감효과는 접지전극에서 유출되는 전류밀도가 커지면 토양 중에 함유된 보이드(void)에서 절연파괴(토중방전)가 발생하므로 전극주변의 도전율이 상승하여 발생하는 것으로 알려져 있다.

인가전류가 더욱 증가하면 절연파괴가 발생하는 임계영역이 확대되어 접지전극의 등가반경이 증대하고 접지저항이 감소하게 된다. 이러한 토중방전에 의한 접지저항의 경감기구(mechanism)를 다음의 [그림 2-15]에 보인다.

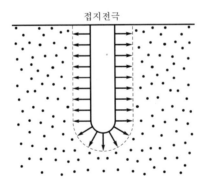

[그림 2-15] 토중방전에 의한 접지저항의 경감기구

토양 중의 전계는 일반적으로 대지저항률에 전류밀도를 곱한 것으로 되므로 대지저항률이 크고 접지전극이 작을수록, 즉 소전류에 대한 접지저항이 클수록 토중방전이 발생하는 영역이 증가하기 쉬운 것으로 간주된다.

송전선의 철탑 또는 변전소 접지망의 소전류에서 접지저항은 일반적으로 10Ω 정도이지만 배전선에서는 부지의 제약으로 충분히 낮은 접지저항을 얻을 수 없는 경우가 많다. 그러나 배전선에서는 뇌해대책의 대상이 유도뢰뿐만 아니라 직격뢰와 같은 과중한 과전압으로 이행되고 있다. 그리고 가공지선에 직격뢰가 낙뢰하는 경우에는 접지계에 직접 대전류가 유입하게 되며 접지저항 경감효과가 발생한다. 그러므로 소전류에 의해 접지저항을 평가하는 경우에 뇌격전류와 같은 대전류에 대한 접지저항 평가가 과대해질 우려가 있으므로 필히 접지저항의 대전류 특성을 고려하여야 한다.

다음에 이러한 과도 접지저항에 대하여 기술한다.

3.3 정상 접지저항과 과도 접지저항

접지저항에는 일반 접지저항계로 측정하는 직류저항값인 정상 접지저항과 고조파 또는 임펄스 전류로 측정하는 서지 임피던스(surge impedance), 즉 과도 접지저항이 있다. '전기설비기술기준', '내선규정' 등의 각 규정에서 지정하는 접지저항값은 정상 접지저항값이다. 뇌격 서지 전류 등의 고조파 전류인 경우에는 접지저항으로 과도 접지저항, 즉 서지 임피던스가 적용되어야 한다.

접지봉 또는 접지판에 의한 접지의 경우에는 정상 접지저항과 과도 접지저항의 값에 큰 차이는 없으나 대지저항률이 높은 지역 등에서 시공되는 매설지선에 의한 경우에는 공사방법, 접지선(인출선)의 접속위치(끝부분 또는 중앙부분 등)에 따라서 과도 접지저항의 값이 다르게 된다.

동일 길이의 매설지선의 경우, 일직선 형태보다는 분할하여 방사형으로 매설하는 것이 과도 접지저항값이 작게 된다. 단, 정상 접지저항값은 높게 된다. 심매설식(보링공법)의 전극에서도 동일하며 전극을 분할하여 매설하는 것이 기능적 및 경제적으로 유리한 경우로 된다. 그러므로 접지의 계획 및 시공에서는 각종 접지공법을 상세히 검토하여 결정하여야 한다. 봉전극의 과도 접지저항 특성도를 [그림 2-16]에 보인다.

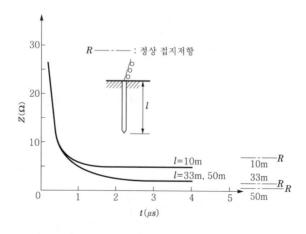

[그림 2-16] 봉전극의 과도 접지저항 특성도

봉전극의 길이에 따라서 정상 접지저항의 값에 이르기까지의 시간, 즉 안정되기까지의 시간이 길게 되어 있는 것을 확실하게 알 수 있다.

다음으로 매설지선의 과도 접지저항 특성도를 [그림 2-17]에 보인다.

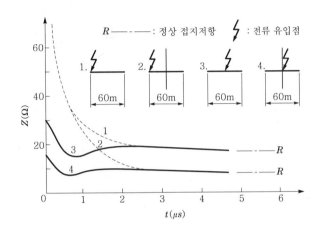

[그림 2-17] 매설지선의 과도 접지저항 특성도

동일한 형태의 매설지선에서도 접지선을 인출하는 위치에 따라서 서지 임피던스(Z)의 값에 차이가 있는 것을 확실히 알 수 있다.

이제 이러한 서지 임피던스의 차이에 대해서 기술한다.

접지회로에는 접지선 등의 임피던스, 표류 커패시턴스가 있으며, 이들은 유도 리액턴스, 용량 리액턴스로 되어 접지저항에 영향을 미치게 된다. 기기에서 접지전극까지의 접지선에는 필히 임피던스가 있으며, 또한 표류 커패시턴스가 존재한다. 이들은 유도 리액턴스, 용량 리액턴스로 작용하며, 그 값은 다음 식으로 표현되며 주파수(f)에 따라 변한다.

$$X_L = 2\pi f L, \qquad X_C = \frac{1}{2\pi f C}$$

이 경우 임피던스 Z는 알짜 저항을 R로 하면 다음 식으로 표현되며 고조파에 대해서는 접지저항으로 작용한다.

$$Z = \sqrt{R^2 + (X_L - X_C)^2}$$

이와 같이 접지에서는 항상 서지 임피던스를 고려하여야 한다. 양호한 접지전극을 매설한 경우에도 미세 접지선을 길게 인출하여 감아두거나 하면 서지 임피던스가 높게 되어 양호한 접지가 될 수 없으므로 주의해야 한다.

대지저항률

접지저항에 영향을 가장 크게 미치는 요소는 전극주변의 대지저항률이다. 그러므로 여기서는 대지토양의 성질, 대지저항률의 측정법 등에 대해서 기술한다.

4.1 저항률 (resistivity)

물질에 전계가 가해지는 경우, 전류가 흐르기 쉬운 것을 양도체, 전혀 전류가 흐르지 않는 것을 부도체 또는 절연체, 그 중간의 것을 반도체라고 한다. 이 전류의 흐름 정도를 표시하는 정수를 도전율이라고 한다. 저항률의 단위 개념도를 다음의 [그림 2-18]에 보인다.

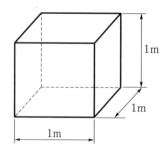

[그림 2-18] 저항률의 단위 개념도

저항률의 단위 개념도에 보이는 $1\,\mathrm{m}^3$ 입방체의 저항값을 저항률로 표시한다. 대지의 저항을 표시하는 것에는 대지저항률, 대지고유저항, 대지비저항 등이 있다.

대지저항률은 기호 ρ, 단위로는 $\Omega \cdot \mathrm{m}$(또는 $\Omega \cdot \mathrm{cm}$, $\mathrm{k}\Omega \cdot \mathrm{cm}$)를 사용한다. 그리고 대지도전율은 기호 σ, 단위로는 s/m(siemens per meter)를 사용한다.

대지도전율과 대지저항률의 관계는 다음 식과 같다.

$$\sigma = \frac{1}{\rho} \ (\mathrm{s/m})$$

4.2 대지저항률 (soil resistivity)

일반 토양은 완전하게 건조하면 거의 전류를 통하지 않는 절연체로 된다. 이것은 토양의 주성분인 규산(SiO_2), 산화 알루미늄(Al_2O_3)가 우수한 절연물인 것으로부터 확실하다. 그러나 자연계의 토양이 완전하게 건조한 것은 거의 없다.

토양이 수분을 함유하면 그 저항률은 급격하게 감소하여 도체로 된다. 그러나 도체로 되어도 금속에 비하면 저항은 대단히 높고 반도체로 간주해도 무방하다.

각종 물질의 저항률 비교 도표를 다음의 [그림 2-19]에 보인다.

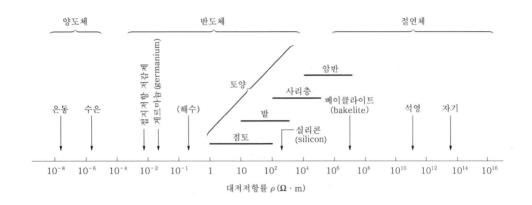

[그림 2-19] 각종 물질의 저항률 비교 도표

동의 저항률은 $10^{-8}\,\Omega\cdot m$인 것에 비해서 일반 토양의 저항률은 $10^{2}\,\Omega\cdot m$로 양자간에는 저항률 단계 10칸의 차이가 있다.

토양의 저항률에 5칸 이상의 폭이 있는 것은 이토, 점토, 모래층, 암반 등의 지질구조나 식생, 지형 등 장소마다 서로 다른 값을 가지고 있기 때문이다. 특히, 지각구조가 복잡한 경우에는 대지저항률(대지도전율)도 복잡하게 된다.

각 지역별 대지도전율(대지저항률)의 값은 접지공사뿐만 아니라 통신선의 전자유도장해 예측계산, 전파의 전파 예측계산 등에도 가장 필요한 것이다.

일반적으로 대지도전율 지도에서는 지질학상 고연대의 지역일수록 대지도전율 값은 작고 (대지저항률 값은 크고) 지질학상 연대가 신생연대에 가까울수록 대지도전율은 크게(대지저항률 값은 작게) 된다. 이것은 접지공사의 계획, 설계에 큰 참고가 된다.

[1] 대지저항률에 영향을 미치는 요소

대지저항률은 필수적으로 변동되며 이에 영향을 주는 요소로는 수분과 온도가 있다.

(1) 수분의 영향

토양이 수분을 함유하면 저항률은 현저하게 감소한다. 수분에 의한 토양저항률의 변화를 다음의 [그림 2-20]에 보인다.

수분이 5~10%로 증가하면 저항률은 급격하게 감소한다. 그러나 함수율이 20%를 초과하면 저항률의 변화는 작아지게 된다. 또한, 토양의 종류가 다르면 저항률도 서로 다르게 된다.

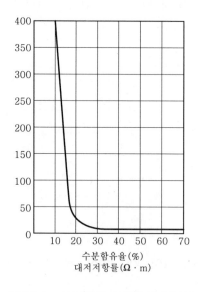

[그림 2-20] 토양 함수율과 저항률

(2) 온도의 영향

토양의 저항률에 큰 영향을 주는 요소로 수분 다음으로 온도가 있다. 온도에 의한 토양의 저항률의 변화 및 비율을 다음의 [표 2-2]에 보인다.

[표 2-2] 토양의 온도와 저항률

온도 (℃)	대지저항률 (Ω·m)	비율
20	72	1.0
10	99	1.4
0	130	1.8
0 (동결)	300	4.2
−5	790	11.0
−15	3300	45.9

상기 표는 함수율 15.2%인 토양의 온도 특성을 표시한 것이다. 토양의 온도가 0℃ 이하로 되면 저항률은 급격하게 커지게 되며 20℃~−15℃까지의 변화의 경우, 동일한 토양이면서 저항률의 비율은 실제로 45.9배로 변하고 있다. 따라서, 지표가 동결되는 지역에서는 동결하지 않는 깊이, 즉 동결심도 이상의 깊이에 접지전극을 매설하여야 한다.

(3) 계절의 영향

토양의 저항률은 많은 요소에 의해 지배되고 무엇보다도 항상 변동하고 있다. 이것은 천후, 계절에 따라서 대폭으로 변한다. 그 이유는 수분과 온도에 관계되기 때문이다. 장마 후, 고온다습한 여름 시기에는 접지저항이 낮으며, 저온 건조한 겨울에는 접지저항이 높게 된다. 계절과 접지저항값과의 관계(예)를 다음의 [그림 2-21]에 보인다.

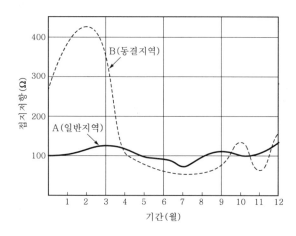

[그림 2-21] 계절과 접지저항값(예)

계절과 접지저항값 도표에서 A 지역의 경우, 접지저항값은 연간 최대값과 최소값의 비가 약 1.5배 정도이지만 B 지역의 경우는 겨울에 동결도 있어 여름의 약 8배에 이르고 있다. 따라서, 접지공사에서는 연간을 통하여 접지저항이 최대로 되는 시기를 고려하여 설계 및 시공을 할 필요가 있다. 이상과 같이 대지저항률은 동일한 토양에서도 장소와 시간에 따라 변동하므로 일정 토양에 대해서 그 저항률을 명시하는 것은 불가능하다.

일반적 기준으로 적용되는 수치를 다음의 [표 2-3]에 보인다.

[표 2-3] 토양 종류별 저항률

토양의 종류	저항률($\Omega \cdot m$)
점토질의 논 또는 습지	$10 \sim 150$
점토질의 화전지	$10 \sim 200$
해안지대의 모래층	$50 \sim 100$
표토 하부 사리층의 논 또는 화전지	$100 \sim 1000$
산지	$200 \sim 2000$
사리층, 옥석적층 해안 또는 하상적층	$1000 \sim 5000$
암반지대의 산지	$2000 \sim 5000$
사암 또는 암반지대	$10^4 \sim 10^7$

토양의 저항률은 수분에 따라 크게 변한다. 물 자체의 저항률을 다음의 [표 2-4]에 보인다.

[표 2-4] 물의 저항률

물의 종류	저항률($\Omega \cdot m$)
순수	200000
증류수	50000
우수	200
수돗물	70
우물물	20~70
민물과 바닷물의 혼합수	2.0
해수(연안)	0.3
해수(해양 3%)	0.20~0.25
해수(해양 5%)	0.15

물에 함유된 성분에 따라 저항률에 큰 차이가 있으며 순수는 절연체에 가까운 값을 보이고 있다. 그러므로 반도체 등의 전기부품의 세정에는 순수가 사용되고 있다.

[2] 대지저항률의 분류

대지저항률의 크기에 따라 대지를 분류하면 다음의 [표 2-5]와 같다.

[표 2-5] 대지저항률에 의한 대지의 분류

분 류	대지저항률의 범위	해당 지역
저저항률 지역	$\rho < 100$	상시 토양 중에 충분한 수분이 함유되어 있는 하구 또는 연안의 저지대
중저항률 지역	$100 \leq \rho < 1000$	지하수를 얻는데에 거의 곤란함이 없는 내륙의 평야지대
고저항률 지역	$1000 \leq \rho$	물이 거의 없는 구릉지대, 산악, 고원, 암반지대

대지저항률이 1000$\Omega \cdot m$를 초과하는 장소를 고저항률 지역이라 하고, 이와 같은 장소에서는 접지공사가 매우 곤란하고 소요비용이 매우 높아진다. 대지는 지표로부터 깊이 들어갈수록 균일한 토질의 토양층으로 되는 경우가 거의 없고, 서로 다른 토질의 토양층으로 되어 있는 경우가 보통이며, 따라서 지층에 따라 저항률이 변한다.

표토층의 저항률이 낮아도 심층의 저항률이 매우 높거나(암반지대, 용암지대 등), 또는 그 역의 경우도 있으므로 접지공사에서는 항상 이러한 경우를 접하는 것을 고려해야 한다.

그러므로 접지공사 계획에서는 대지저항률의 측정을 확실하게 수행할 필요가 있다. 다음으로 대지저항률의 측정방법을 기술한다.

[3] 대지저항률의 측정

접지설계를 수행하는 경우, 대지를 균일한 저항률을 가지는 단층 구조로 간주하여 계산하는 편이 계산식도 단순화되고 간단해진다. 그러나 균일한 단층구조의 대지는 결코 존재하지 않으며 복잡한 지층, 지형을 가지고 있는 것이 일반적이다. 이와 같은 대지구조를 조사하고 보다 정확하게 대지저항률을 조사하여야 확실한 접지설계가 가능해진다.

대지구조를 조사하는 방법으로는 보링(boring) 장비로 지중 깊이 시추공을 굴착하고 토양의 샘플(sample)을 채취하는 코어 보링법(core boring method)이 일반적이며, 상당한 장비 및 비용이 필요하고 광범위한 지질을 조사하기 위해서는 수개소의 보링이 필요하게 된다. 이 방법은 토목공사에서 지질조사 방법으로 적용되고 있다.

여기서, 고려해야 할 것은 지표에서 지중의 데이터를 얻는 방법이 있다는 것이다. 여기에는 탄성파 또는 음파를 이용하는 물리탐사법과 대지의 전기적인 양을 측정하는 전기탐사법이 있다. 전기탐사법에는 VLF(Very Low Frequency) 대역과 LF(Low Frequency) 대역의 양 주파수 대역을 사용하는 전자 탐사법, 기 굴착된 보링 시추공에 전극을 삽입하여 측정하는 비저항 검층법, 지표에 4본의 전극을 타입하여 측정하는 비저항법(Wenner의 4전극법) 등이 있다. 현재 가장 널리 사용되고 있는 방법은 웨너(Wenner)의 4전극법이다. 이 측정에는 대지 비저항 측정기를 사용하며, 이 측정기가 없는 경우에는 간이형 접지저항계를 사용하여 간이 측정하는 방법도 있다.

(1) 봉전극에 의한 간이 측정법

접지저항은 접지전극 주변의 대지저항률에 비례한다. 그러므로 일정 길이 및 지름을 가지는 봉전극을 1본 타입하여 접지저항을 측정하고 그 값으로부터 대지저항률을 역산하는 것이 가능하다. 봉전극의 설치도를 다음의 [그림 2-22]에 보인다.

지표면에서 봉전극을 타입한 경우, 접지저항 R은 다음 식으로 표현된다.

$$R = \frac{\rho}{2.73L} \log \frac{4L}{d} \ (\Omega)$$

여기서, R : 접지저항(Ω)

ρ : 대지저항률($\Omega \cdot m$)

L : 타입깊이(m)

d : 전극의 지름(m)

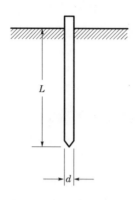

[그림 2-22] 봉전극 설치도

상기의 식에서 대지저항률 ρ 를 구하면 다음 식과 같다.

$$\rho = \frac{2.73}{LR} \log \frac{4L}{D} \ (\Omega \cdot m)$$

예를 들면, $L=1.5\,m$, $d=0.014m(\phi 14)$의 봉전극을 타입하는 경우, 접지저항이 $R=100\,\Omega$이면 대지저항률은 $\rho=155.5\,\Omega \cdot m$ 가 된다.

일례로 봉전극($\phi 14 \times 1.5\,m$)을 지표로부터 타입하는 경우, 대지저항률 ρ 와 접지저항 R과의 관계 도표($\rho - R$ graph)를 다음의 [그림 2-23]에 보인다.

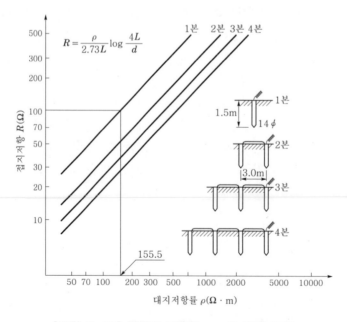

[그림 2-23] 봉전극 접지의 $\rho - R$ 관계 도표

(2) 웨너(Wenner)의 4전극법

대지저항률의 측정법으로 가장 널리 적용되고 있는 방법이며, Mr. Frank Wenner에 의해서 개발된 방법이다.

웨너의 4전극법 개념도를 다음의 [그림 2-24]에 보인다.

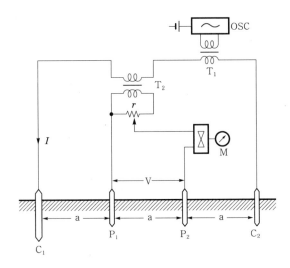

[그림 2-24] 웨너의 4전극법 개념도

이 방법에서는 4본의 전극을 등간격의 일직선상으로 타입하고 대지저항계를 접속한다. 발진기(OSC)는 $10\sim40\,\mathrm{Hz}$의 발진범위를 가지며 변압기 T_1을 개재하여 전극 C_1, C_2에 교류가 가압되며 대지에 전류 I를 흐르게 한다. 이 전류 I에 의해서 전극 $P_1 - P_2$ 사이에 전위차 V가 발생한다.

이 전위차 V가 측정되면 대지저항률 ρ는 다음 식으로 구해진다.

$$\rho = 2\pi a \cdot (V/I)\ (\Omega \cdot \mathrm{m})$$

여기서, a : 전극 상호간의 간격(m)

실제의 측정기에서는 전위계(potentio-meter) R을 동작시켜 검류계 M의 지침을 0으로 하면 $V/I = R$의 값을 직독할 수 있도록 되어 있다. 따라서, 상기의 식은 다음과 같이 된다.

$$\rho = 2\pi a R\ (\Omega \cdot \mathrm{m})$$

이 방법에서는 전극 C_1, C_2, P_1, P_2의 접지저항에 관계없이 대지저항률을 측정하는 것이 가능하다.

여기서, 전극간격 a를 크게 하면 전류 I는 그 만큼 지중의 깊은 장소까지 분류되고, 그 깊이까지의 대지저항률의 평균값을 측정 가능하다. 지중에 금속 등이 매설되어 있으면 그 저항도 관계되는 것으로 되며, 또한 지중에 측정과 관련이 없는 누설전류가 일정방향으로 흐르고 있으면 그 영향도 받게 된다.

이상의 사항을 배제하고 정확한 대지저항률을 측정하기 위해서는 4전극의 배치방향을 바꾸거나 전극간격을 변화시켜 많은 측정값을 취하여 검토할 필요가 있다.

전극간격 a는 시공하는 접지공법에 따라 측정점이 다르게 되지만 일반적으로 필요한 것은 $a=1$, 2, 3, 4, 5, 7, 10, 15, 30 m의 8지점 정도로 된다. 그러나 시공길이가 긴 대상전극이나 보링 공법을 적용하는 경우에는 깊은 지층까지의 저항률을 알아야 하므로 동시에 $a=50\sim100$ m 까지 측정할 필요가 있다.

이 방법으로 측정한 결과를 다음의 [표 2-6]에 보인다.

[표 2-6] 대지저항률 측정기록표(예)

측정일시			측정자	
측정장소			날 씨	
전극간격 a(m)	G점에서의 거리 (m)		저항값 R(Ω)	대지저항률 $\rho=2\pi aR$(Ω·m)
	P극	C극		
0.5	0.25	0.75		
1	0.5	1.5		
2	1.0	3.0		
3	1.5	4.5		
5	2.5	7.5		
7	3.5	10.5		
10	5.0	15.0		
15	7.5	20.5		
20	10.0	30.0		
30	15.0	45.0		
40	20.0	60.0		
50	25.0	75.0		
60	30.0	90.0		
70	35.0	105.0		
80	40.0	120.0		
90	45.0	135.0		
100	50.0	150.0		
측정방법 : Wenner의 4전극법			측정기	

상기의 기록표에서 식 $\rho=2\pi aR$에 의해 ρ를 계산하고 $\rho-a$ 곡선을 작도한다. 일반적으로 $\rho-a$ 곡선은 양 대수 그래프 용지에 데이터를 표시한다.

G점(접지점)으로부터의 거리에서 G점은 측정기의 외함(frame) 접지점이 된다.

실제적인 측정기(예)를 다음의 [그림 2-25]에 보인다.

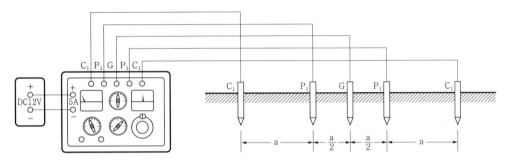

[그림 2-25] 대지저항률 측정기(예)

실제의 측정기(예)에서 측정기의 접지장소에 측정자의 안전을 위하여(측정전압 : 600V) 측정기의 외함(frame)을 접지한다. 이 측정점이 G가 되며 이 지점을 중심으로 하여 좌우 각각에 P극, C극을 타입하게 되므로 현장의 작업에 편리하도록 G점으로부터의 거리로 하여 기록한다.

다음으로 $\rho-a$ 곡선의 예로 수평 2층 구조의 경우를 [그림 2-26], 수평 3층 구조의 경우를 [그림 2-27]에 보인다.

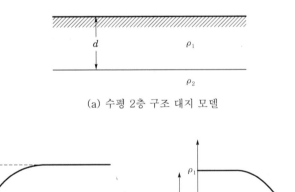

(a) 수평 2층 구조 대지 모델

(b) $\rho-a$ 곡선($\rho_1 < \rho_2$)

(c) $\rho-a$ 곡선($\rho_1 > \rho_2$)

[그림 2-26] 수평 2층 구조의 $\rho-a$ 곡선

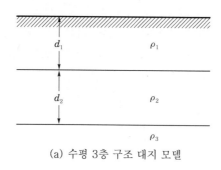

(a) 수평 3층 구조 대지 모델

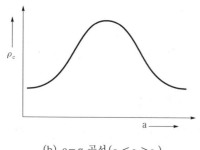

(b) $\rho - a$ 곡선 $(\rho_1 < \rho_2 > \rho_3)$

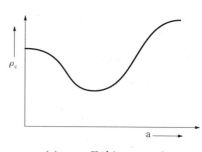

(c) $\rho - a$ 곡선 $(\rho_1 > \rho_2 < \rho_3)$

[그림 2-27] 수평 3층 구조의 $\rho - a$ 곡선

$\rho - a$ 곡선 예에서 ρ_1은 지표면에 근접한 제1층, ρ_2는 제2층, ρ_3는 제3층의 대지저항률을 표시하며 d_1, d_2는 각각의 지층 두께로 이를 가지는 수평 지층구조의 경우이다.

[그림 2-28], (b)의 경우에는 하층의 ρ_3가 높으므로 전극을 깊이 타입하여도 접지저항은 감소하지 않는다.

즉, 심타공법이 효율이 나쁜 것을 표시하고 있는 것이다. 이와 같은 경우에는 상층부를 유효하게 이용하는 일반 병렬공법, 매설지선, 대상전극 등의 공법을 적용하는 것이 유리하다.

[그림 2-29], (c)의 경우에는 하층에 낮은 ρ_2가 있으므로 심타공법이 유리하다.

수평 3층 구조의 경우에도 동일하게 상층부를 이용하며 중층부, 하층부를 이용하는 것은 $\rho - a$ 곡선을 검토하여 적용 접지공법을 결정하여야 한다.

이와 같이 $\rho - a$ 곡선에서 그 지점의 대지가 어떤 층의 구조로 되어 있는가를 파악할 수 있다.

그러나 이 단계에서는 각 지층마다의 대지저항률의 실제 값, 지층의 두께 등을 구하는 것은 불가능하다. 왜냐하면 웨너의 4전극법에 의해서 측정된 대지저항률 ρ 값은 지중 각 깊이의 저항률은 아니며 전극간격 a에 대응한 일정 깊이까지의 저항률의 평균값이기 때문이다.

따라서, $\rho - a$ 곡선으로부터 지중의 각 깊이의 저항률을 알기 위해서는 다른 방법을 이용하여 토양해석을 시행하여 저항률의 정량적 수치, 지층의 두께 등을 구해야 한다.

[4] $\rho - a$ 곡선에 의한 토양 해석

웨너(Wenner)의 4전극법에 의해 대지저항률을 측정하여 구한 $\rho - a$ 곡선의 종축의 ρ 값은 지중 각 깊이의 저항률은 아니며 전극간격 a에 대응한 일정 깊이까지의 저항률의 평균값이다.

전극간격 a를 크게 하면 그 만큼 전류가 깊게 침투한다. 더불어 전류가 침투한 깊이까지의 저항률이 측정값에 영향을 주게 된다. 전류는 전극 $C_1 - C_2$의 간격 $3a$ 정도까지 침투하는 것으로 간주된다.

따라서, $\rho - a$ 곡선으로부터 대지 각 깊이의 저항률을 구하기 위해서는 다양한 방법에 의해 토양해석을 수행하여 저항률의 정량적 수치, 그 지층의 두께 등을 구해야 한다.

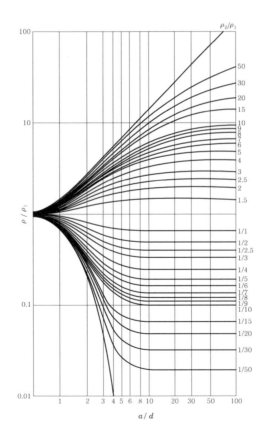

[그림 2-28] Sundberg 의 2층 표준곡선

이 토양해석에 대해서 각종 방법이 개발되어 있으며, 가장 널리 사용하고 있는 방법으로 Sundberg의 2층 표준곡선과 Hummel의 보조곡선을 이용하여 저항률의 정량적 수치, 지층의 두께 등을 구하는 해석법이 있다.

Sundberg의 2층 표준곡선을 [그림 2-28], Hummel의 보조곡선을 [그림 2-29]에 보인다. 그러나 이 2개 곡선을 이용하는 해석법은 다분히 설계자의 경험적 기술이 가미되고 상당한 숙련도를 필요로 한다.

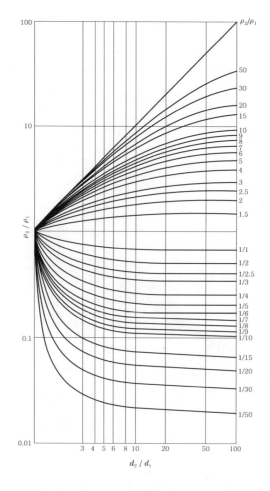

[그림 2-29] Hummel 의 보조곡선

특히, 3층 구조 이상의 $\rho-a$ 곡선의 해석에서는 3층 이하를 등가 2층 구조로 치환하여 다수회 해석을 수행하는 등 복잡하며 해석의 오차도 크고 데이터의 정확도도 낮게 된다. 최근에는 이 방법을 컴퓨터로 해석하는 프로그램(software)이 개발되어 사용되고 있다.

일반적으로 시공되는 접지전극의 구조가 크고 광범위하게 되는 경우(긴 매설지선, 대상 전극, 메시접지전극 등)와 보링 공법을 적용하는 경우를 제외하고, 접지전극 매설깊이 D 의 저항률은 전극간격 $a = D(\mathrm{m})$로 하는 때의 저항률 $\rho(\Omega \cdot \mathrm{m})$을 적용하여도 계산값과 실측값 사이에 그리 큰 차이는 없는 경우가 많다.

이와 같은 이유에서 규모가 작은 접지전극에 대해서는 어려운 토양해석을 수행하여 지층마다의 저항률을 산출하지 않고도 측정으로 구한 $\rho - a$ 곡선의 $\rho(\Omega \cdot \mathrm{m})$ 값을 적용하여 접지저항 계산을 수행하여도 지장은 없다.

단, 보링 공법을 적용하는 경우에는 굴착깊이까지의 각 지층의 저항률을 산출하여 접지저항의 계산을 수행하지 않으면 결과에 큰 오차가 발생하는 경우가 있으므로 충분히 유의하여야 한다.

 # 접지저항의 계산

접지공사의 계획, 시공에서 대지저항률이 추정 가능하고 적용하는 접지공법이 결정되면 접지저항을 계산하여 전극의 치수, 즉 시공길이를 산출하게 된다.

여기서는 접지저항의 특성을 포함하여 구체적으로 각종 접지전극의 접지저항 계산식을 기술한다.

5.1 저항구역과 집합계수

접지저항의 개념도를 다음의 [그림 2−30]에 보인다.

접지저항은 접지전극에 접지전류 $I(\mathrm{A})$가 흐르면 접극은 무한원의 대지에 대해서 $E(\mathrm{V})$ 만큼의 전위상승이 발생한다. 이때의 전위 상승값과 접지전류의 비 $E/I = R(\Omega)$이 그 접지전극의 접지저항 값으로 정의된다.

이 접지저항값에는 접지선과 접지전극 자체의 저항, 접지전극과 토양의 접촉저항 및 대지저항이 포함된 합성저항으로 된다.

접지전류는 전극주변의 대지저항률이 균일한 장소에서는 전극으로부터 대지로 향하여 방사형으로 유출된다. 즉, 반구형, 구형 또는 반원추체형으로 확산되는 것으로 간주된다. 접지전극의 형태와 저항구역을 [그림 2−31]에 보인다.

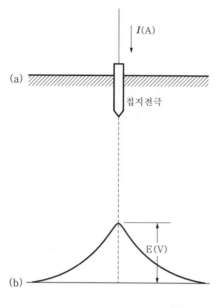

[그림 2-30] 접지저항의 개념도

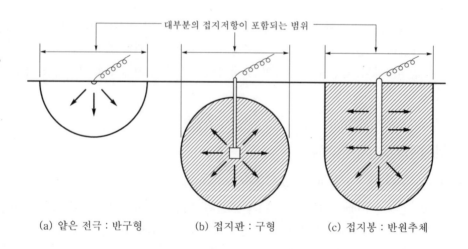

(a) 얕은 전극 : 반구형　　　　(b) 접지판 : 구형　　　　(c) 접지봉 : 반원추체

[그림 2-31] 접지전극의 형태와 저항구역

　이 경우 전극의 주변은 전류밀도가 높게 되고 접지전류에 대해서 일정 저항값을 나타낸다. 그러나 전극으로부터 멀어짐에 따라 전류밀도는 작게 되고 저항은 작게 되어 접지전류는 거의 영향을 받지 않게 되어 그 저항은 무시하여도 가능한 것으로 간주되고 있다.

　다시 말하면 접지저항의 대부분은 전극에 가까운 범위 내에 포함되는 것으로 간주되며, 이 부분의 지표면을 저항구역이라고 한다. 즉, 이 전극의 영향범위, 확장을 고려하면 이해하기 쉽다.

  이 저항구역은 이론적으로는 무한원까지 포함되지만 전저항의 90%까지의 저항을 포함하는 구역을 고려하면 실용적으로 거의 영향이 없는 것으로 간주된다.

  접지저항을 낮추기 위해 복수의 접지전극을 매설하여 병렬로 접속하여 사용하고 있으며, 이 경우에 전극을 너무 접근시켜 매설하면 양 전극의 저항구역이 상호 중복되는 부분이 발생하며, 이 중복된 부분은 무효가 되고 이 만큼 합성저항이 높아지게 된다.

  저항구역의 중복을 [그림 2-32]에 보인다.

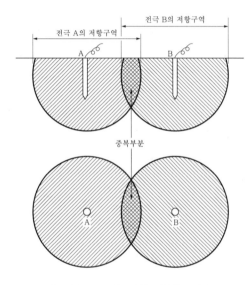

[그림 2-32] 저항구역의 중복

복수 접지전극의 접지에 의한 합성 접지저항 R_0는 다음 식으로 표현된다.

$$R_0 = \frac{R}{n} \cdot \eta$$

여기서, R : 단독 접지저항

      n : 전극의 수량

      η : 집합계수

집합계수(η)는 항상 1.0보다 크며 전극의 형태, 치수, 배치간격에 의해 서로 다른 값을 가진다.

5.2 반구형 접지전극과 저항구역

접지전극으로 반경 r의 반구형 전극을 생각하면 반구의 평면을 지표에 일치시켜 매설한 접지전극을 상정할 수 있다. 이 전극을 반구형 접지전극이라고 한다.

반구형 접지전극은 실제적으로는 사용하고 있지 않으며 접지의 이론면에서 취급이 용이하므로 접지저항 계산에는 등장한다. 반구형 접지전극은 접지이론의 기초를 제시하는 것이다. 반구형 접지전극의 접지저항은 다음 식으로 표현된다.

$$R = \frac{\rho}{2\pi r} \ (\Omega)$$

여기서, r : 전극의 반경(m)

ρ : 전극 주변의 대지저항률($\Omega \cdot$ m)

상기의 식에서 전극 주변의 대지저항률은 균일한 것으로 가정한 경우이며, 실제로는 장소에 따라서 대지저항률에 차이가 있다. 그러나 이것을 고려하면 이론적인 취급이 곤란하므로 여기서는 일정한 것으로 가정한다.

반구형 접지전극의 중심으로부터 거리 r_1까지의 사이에 포함되는 저항을 R_1, 중심으로부터 무한원점까지의 전저항을 R로 하는 경우, R_1과 R의 비를 α로 두면 다음 식으로 표현된다.

$$\alpha = \frac{R_1}{R} \times 100 = \left(1 - \frac{r}{r_1}\right) \times 100 \ (\%)$$

상기의 식에서 r_1과 α의 관계도를 다음의 [그림 2-33], 계산 결과를 다음의 [표 2-7]에 보인다.

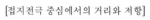

[접지전극 중심에서의 거리와 저항]

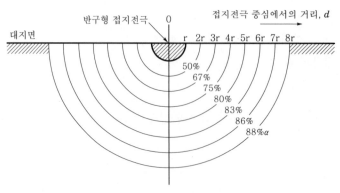

[그림 2-33] r_1과 α의 관계도

[표 2-7] r_1과 α의 관계 계산 결과

r_1	α (%)	$\Delta\alpha$ (%)
r	0	—
$2r$	50	50
$3r$	67	17
$4r$	75	8
$5r$	80	5
$6r$	83	3
$7r$	86	3
$8r$	88	2
$9r$	89	1
$10r$	90	1
$20r$	95	5

전극으로부터의 거리 r_1이 증가하면 R_1이 증가하는 것을 알 수 있다. 저항의 증가 추세를 보면 초기에는 급격하게 증가하며, 전극반경의 2배까지의 거리($r_1 = 2r$)에 전저항의 50%가 포함되어 있다.

그 이후는 증가분 $\Delta\alpha$가 작게 되고 이론적으로는 무한원점까지 계속된다. 이 저항이 포함되어 있는 부분의 지표면을 저항구역이라고 한다.

전저항의 50%까지를 저항구역에 포함시키면 $2r$까지가 저항구역으로 된다. 그리고 전저항의 90%까지로 하면 $10r$까지가 저항구역으로 된다.

5.3 접지전극의 등가반경과 집합계수

접지저항의 계산식은 전극의 형태별로 각각의 가정조건을 조합하여 다수의 고안자에 의해 해석적으로 산출되고 있다. 그러므로 동일 형태의 전극에 대해서도 많은 계산식이 발표되어 있다.

전극 형태별 각 계산식은 다음에 기술하며 복수개의 전지전극(동종의 전지전극과 이종의 접지전극을 병용하는 경우도 있음)을 매설하여 병렬접지를 시공한 경우의 합성저항을 계산하는 경우에는 각각의 계산식만으로는 산출하는 것이 불가능하다.

이러한 경우에는 각각의 접지전극을 반구형 접지전극으로 치환하고 매설상황에 따른 집합계수를 구한 뒤에 합성저항을 계산하여야 한다.

임의의 접지전극과 동일한 접지저항을 가지는 반구형 접지전극의 반경을 등가반경이라고 한다. 등가반경을 도입한 계산은 봉전극, 메시접지 등에 자주 적용되고 있으며, 일단 봉전극의 경우에 대해서 기술한다.

[1] 봉전극의 등가반경

봉전극의 반구형 전극에로의 치환도를 다음 [그림 2-34]에 보인다.

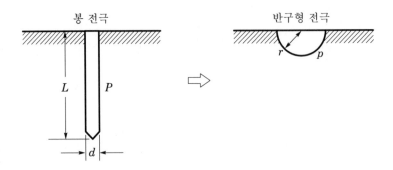

[그림 2-34] 봉전극의 반구형 전극 치환도

봉전극의 접지저항 R은 다음 식으로 표현된다.

$$R = \frac{\rho}{2.73L} \log \frac{4L}{d}$$

봉전극의 접지저항과 반구형 접지전극의 접지저항을 동등한 것으로 하면 다음 식으로 된다.

$$\frac{\rho}{2\pi r} = \frac{\rho}{2.73L} \log \frac{4L}{d}$$

여기서, r : 반구형 접지전극의 반경(m)

따라서, 봉전극의 등가반경은 다음 식으로 표현된다.

$$r = \frac{2.73}{2\pi} \cdot \frac{L}{\log (4L/d)} \text{ (m)}$$

일반적으로 자주 사용되고 있는 지름 14 mm, 길이 1.5 m의 연결식 접지봉의 등가반경을 상기의 식에 의해서 계산하면 [표 2-8]과 같다.

이 등가반경을 기초로 하여 봉전극의 각종 배치에서의 집합계수 또는 접지저항을 계산한다.

[표 2-8] 연결식 접지봉의 등가반경

(1본의 길이 : 1.5 m, 지름 : 14 mm)

연결 본수 (본)	타입 깊이 (m)	등가반경 (m)
1	1.5	0.248
2	3.0	0.444
3	4.5	0.629
4	6.0	0.809
5	7.5	0.978
6	9.0	1.15
7	10.5	1.31
8	12.0	1.47
9	13.5	1.63
10	15.0	1.79

[2] 각종 배치에 의한 집합계수

병렬접지 공법에서 전극의 배치형태는 여러 종류로 간주될 수 있다. 봉전극을 반구형 접지전극으로 치환하여 이 접지저항을 R로 하고, 배치형태에 의한 집합계수 η를 구한 후, n본의 전극의 합성저항 R_0는 다음 식으로 된다.

$$R_0 = \eta \cdot \frac{R}{n}$$

반구형 전극의 병렬 접속도를 다음의 [그림 2-35]에 보인다.

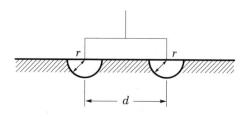

[그림 2-35] 반구형 전극의 병렬 접속도

반구형 전극의 병렬 접속도에서 반경 r(m)의 반구형 접지전극 2본을 간격 d(m) 만큼 이격시켜 병렬로 한 경우의 집합계수는 근사적으로 다음 식으로 표현된다.

$$\eta = 1 + \frac{r}{d} = 1 + \alpha$$

상기의 식에 의해서 각종 간격 d에 대한 계산결과를 다음의 [표 2−9]에 보인다.

[표 2−9] 반구형 경우의 집합계수
(2극 병렬)

전극 간격 (d)	집합계수 (η)
$2r$	1.500
$3r$	1.333
$4r$	1.250
$5r$	1.200
$6r$	1.167
$7r$	1.143
$8r$	1.125
$9r$	1.111
$10r$	1.100
$11r$	1.091
$12r$	1.083

연결식 접지봉의 등가반경([표 2−8] 참조) 및 반구형 경우의 집합계수([표 2−9] 참조)를 이용하면 봉전극의 집합계수를 구하는 것이 가능하며 합성저항을 계산할 수 있다.

예를 들어, 지름 14 mm, 길이(L) 1.5 m의 접지봉을 간격(d) 1.5 m로 병렬로 접속하는 경우에 합성저항 R_0를 구한다.

- 등가반경 : $a = d/r = 1.5/0.248 ≒ 6$

  즉, $d ≒ 6r$

- 집합계수 : $\eta = 1.167(d = 6r$ 의 경우)

$$R_0 = \eta \cdot \frac{R}{n} = 1.167 \times \frac{R}{2} = 0.584R ≒ 0.6R$$

동일하게 간격을 3 m ($d = 2L$)로 한 경우, 다음과 같다.

$$d = 12r$$

$$\eta = 1.083$$

$$R_0 = 1.083 \times \frac{R}{2} = 0.542R ≒ 0.5R$$

이 결과에서 봉전극의 경우에는 타입깊이(L) 2배 이상 이격시키지 않으면 집합계수(η)는 1에 매우 근접하게 된다.

접지극의 각종 배치형태에 의한 집합계수를 보면 다음과 같다.

(1) 직선배치

접지극의 직선배치도를 다음의 [그림 2-36]에 보인다.

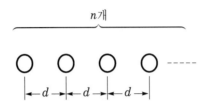

[그림 2-36] 접지극의 직선배치도

접지극의 직선배치도에서 등가반경 r(m)의 반구형 접지전극을 n본, 각각의 간격을 d(m) 만큼 이격시켜 일직선상으로 배치한 경우를 직선배치라고 한다.

① 2극의 경우

$$\eta = 1 + \alpha$$

여기서, $\alpha = r/d$

② 3극의 경우

$$\eta = \frac{3(4\alpha^2 - \alpha - 2)}{7\alpha - 6}$$

③ 4극의 경우

$$\eta = \frac{12 + 16\alpha - 23\alpha^2}{12 - 10\alpha}$$

④ 5극의 경우

$$\eta = 1 + 2.55\alpha - 0.12\alpha^2$$

상기 식의 $1/\alpha$의 값을 2~12까지 취한 경우의 η의 값을 [표 2-10]에 보인다.

[표 2-10] 직선배치의 집합계수

1/α	전극 수량(개)				
	2	3	4	5	6
2	1.500	1.800	2.036	2.225	2.385
3	1.333	1.545	1.705	1.833	1.941
4	1.250	1.412	1.533	1.630	1.711
5	1.200	1.330	1.428	1.506	1.571
6	1.167	1.276	1.358	1.423	1.477
7	1.143	1.237	1.307	1.363	1.410
8	1.125	1.207	1.269	1.318	1.359
9	1.111	1.184	1.239	1.283	1.320
10	1.100	1.166	1.215	1.255	1.288
11	1.091	1.151	1.196	1.231	1.262
12	1.083	1.138	1.180	1.213	1.240

(2) 중공 사각형 배치

중공 사각형 배치도를 다음의 [그림 2-37]에 보인다.

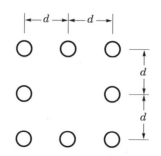

[그림 2-37] 중공 사각형 배치도

등가반경 r(m)의 반구형 접지전극을 사각형으로 배치한 경우를 중공 사각형 배치라고 한다. 이 경우의 집합계수는 다음 식으로 주어진다.

$$\eta = 1 + K\alpha$$

여기서, K : 전극의 본수에 의해 정해지는 계수

$$\alpha = r/d$$

각각의 배치형태와 집합계수의 계산식을 다음의 [표 2-11]에 보인다.

[표 2-11] 중공 사각형 배치의 집합계수 계산식

배치 형태	전체 전극수량	집합계수 계산식
	3	$\eta = 1 + 2.0\,\alpha$
	4	$\eta = 1 + 2.71\,\alpha$
	8	$\eta = 1 + 4.26\,\alpha$
	12	$\eta = 1 + 5.39\,\alpha$
	16	$\eta = 1 + 6.01\,\alpha$
	20	$\eta = 1 + 6.46\,\alpha$

사각형 배치의 특수형태로 3각형 배치도 포함한다. 동일하게 3본의 전극을 직선으로 배치하며 3각형으로 배치함에 의해 집합계수가 다르게 된다.

이 비교를 [그림 2-38]에 보인다.

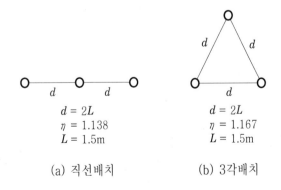

(a) 직선배치
$d = 2L$
$\eta = 1.138$
$L = 1.5\text{m}$

(b) 3각배치
$d = 2L$
$\eta = 1.167$
$L = 1.5\text{m}$

[그림 2-38] 직선과 3각형 배치의 집합계수 비교

이 비교에서 직선형태로 배치하는 경우가 접지저항이 낮은 것을 알 수가 있다.

직선배치의 경우와 동일하게 $1/\alpha$의 값을 2~12까지 취하는 경우에 η값을 [표 2-12]에 보인다.

[표 2-12] 중공 사각형 배치의 집합계수

$1/\alpha$	1변의 전극 수량(개)				
	2	3	4	5	6
2	2.355	3.130	3.695	4.005	4.230
3	1.903	2.420	2.797	3.003	3.153
4	1.678	2.065	2.348	2.503	2.615
5	1.542	1.852	2.078	2.202	2.292
6	1.452	1.710	1.898	2.002	2.077
7	1.387	1.609	1.770	1.859	1.923
8	1.339	1.533	1.674	1.751	1.808
9	1.301	1.473	1.599	1.668	1.718
10	1.271	1.426	1.539	1.601	1.646
11	1.246	1.387	1.490	1.546	1.587
12	1.226	1.355	1.449	1.501	1.538

(3) 충실 사각형 배치

충실 사각형 배치도를 다음의 [그림 2-39]에 보인다.

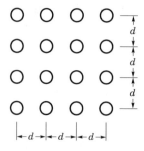

[그림 2-39] 충실 사각형 배치도

사각형 배치의 중앙부에도 전극이 배치되는 형태를 충실 사각형 배치라고 한다. 이 경우의 집합계수도 중공 사각형 배치의 경우와 동일하게 $\eta = 1 + K\alpha$로 주어진다.

각종 배치의 계산식을 [표 2-13], $1/\alpha$를 2~12까지 취한 경우의 η값을 [표 2-14]에 보인다.

[표 2-13] 충실형 사각형 배치의 집합계수 계산식

배치형태	전체 전극 수량	집합계수 계산식
∙ ∙ ∙ ∙	4	$\eta = 1 + 2.71\,\alpha$
∙ ∙ ∙ ∙ ∙ ∙ ∙ ∙ ∙	9	$\eta = 1 + 5.89\,\alpha$
∙∙∙∙ ∙∙∙∙ ∙∙∙∙ ∙∙∙∙	16	$\eta = 1 + 8.55\,\alpha$
∙∙∙∙∙ ∙∙∙∙∙ ∙∙∙∙∙ ∙∙∙∙∙ ∙∙∙∙∙	25	$\eta = 1 + 11.44\,\alpha$
∙∙∙∙∙∙ ∙∙∙∙∙∙ ∙∙∙∙∙∙ ∙∙∙∙∙∙ ∙∙∙∙∙∙ ∙∙∙∙∙∙	36	$\eta = 1 + 14.07\,\alpha$

[표 2-14] 충실형 사각형 배치의 집합계수

$1/\alpha$	1변의 전극 수량 (개)				
	2	3	4	5	6
2	2.355	3.945	5.275	6.720	8.035
3	1.903	2.963	3.850	4.813	5.690
4	1.678	2.473	3.138	3.860	4.518
5	1.542	2.178	2.710	3.288	3.814
6	1.452	1.982	2.425	2.907	3.345
7	1.387	1.841	2.221	2.634	3.010
8	1.339	1.736	2.069	2.430	2.759
9	1.301	1.654	1.950	2.271	2.563
10	1.271	1.589	1.855	2.144	2.407
11	1.246	1.535	1.777	2.044	2.279
12	1.226	1.491	1.713	1.953	2.173

(4) 환상배치

접지전극의 환상배치도를 다음의 [그림 2-40]에 보인다.

반경 c(m)의 환상으로 n본의 전극이 배치되는 형태를 환상배치라고 한다. 이 경우의 집합계수는 다음 식으로 표현된다.

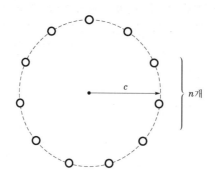

[그림 2-40] 환상배치도

$$\eta = 1 + 0.5\alpha + \alpha \sum_{i=1}^{i=\frac{n}{2}-1} \operatorname{cosec} \frac{i\pi}{n}$$

여기서, $\alpha = r/c$

　　　　r : 전극의 등가반경

$1/\alpha$의 값을 5, 10, 15, 20으로 취하는 경우에 계산값을 [표 2-15]에 보인다.

[표 2-15] 환상배치의 집합계수

원의 반경 1/α	전극 수량(개)				
	4	8	12	16	20
5	1.09494	1.27824	1.49441	1.73199	1.98550
10	1.04747	1.13912	1.24720	1.36599	1.49275
15	1.03165	1.09275	1.16480	1.24400	1.32850
20	1.02374	1.06956	1.12360	1.18300	1.24638

[3] 사각형 배치의 접지효과

　중공 사각형 배치의 집합계수와 충실 사각형 배치의 집합계수를 비교하면 동일한 전극 간격에서도 충실 사각형 배치의 경우가 집합계수가 크게 되어 있음을 알 수 있다. 일반적으로 중공 사각형 배치의 중앙부를 채워도 접지저항 저감효과는 그리 기대할 수 없다.

　다시 말하면, 접지전극을 사각형(정방형뿐만 아니라 직사각형, 제형, 3각형도 포함) 배치로 하는 경우에는 그 주변의 접지전극의 효과가 크고 사각형의 중심부의 전극은 그리 유효하게 작용하지 않는 것을 의미한다.

봉전극에서 중공 사각형 배치와 충실 사각형 배치의 이론은 매설지선, 대상전극, 메시접지 등 전체 접지전극에 적용되는 중요한 사항이다.

접지공사를 시행하는 경우에 그 부지가 넓지 않고 제한되어 부지의 주변에 접지전극을 중공 사각형 배치로 시공하면 부지의 중심부까지 유효하게 이용하는 것과 동일한 효과가 얻어진다. 단, 발변전소 구내에 시공되는 메시 접지전극의 경우에는 접지저항을 낮게 하는 목적 이외에 구내의 지표전위를 균등화하는 목적이므로 메시의 간격을 너무 크게 할 수 없으므로 주의해야 한다.

여기서, 주변의 효과를 조사하기 위해서 수행하는 실험을 소개한다.

실험용 판형전극을 다음 [그림 2-41]에 보인다.

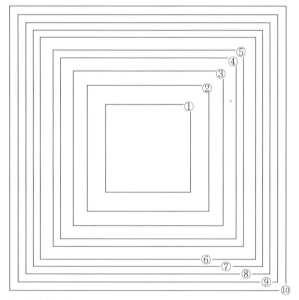

전체 면적 : S
①의 면적 = ②의 면적 = ‥‥‥ = ⑩의 면적 = $(1/10)\,S$

[그림 2-41] 실험용 판형전극

실험용 판형전극의 치수는 $30 \times 30\,\text{cm}$로 한다. 이 전극은 중심으로부터 전체 면적 S의 1/10 만큼 취하여 확장되도록 만들어져 있다. 이 실험용 판상전극을 길이 $45\,\text{m}$, 폭 $15\,\text{m}$, 깊이 $1.5\,\text{m}$의 수조 속에 $19\,\text{cm}$의 깊이까지 침수시키고 저항을 측정한 후, 수조에서 분리해 낸다.

그리고 최초의 면적 10%를 절취하고 다시 수조 속에 넣어서 저항을 측정한다. 이것을 전극의 면적이 최후의 10%로 될 때까지 반복 측정한다. 이 측정결과를 다음의 [표 2-16]에 보인다.

[표 2-16] 측정결과

제거분 (%)	저항값 (Ω)	비 율
0	18.6	1.000
10	18.7	1.005
20	18.8	1.011
30	19.0	1.022
40	19.3	1.038
50	19.6	1.054
60	20.1	1.081
70	20.8	1.118
80	21.6	1.161
90	23.4	1.258

　상기의 표에서 보면 판상전극의 주변 부분이 접지저항에 크게 관련되어 있음을 알 수 있다. 전극판의 중심부분을 면적비로 80% 제거하여 중공 사각형으로 되어도 저항값은 최초의 충실형 사각형의 경우에 비해 16.1% 증가하는데에 지나지 않는다. 역으로 보면 용지의 주변에 부지면적의 20%에 상당하는 중공 대상 전극을 시공하면 부지 전체 면적에 접지전극을 매설한 경우의 약 86%의 저항값을 얻을 수 있음을 알 수 있다.

　이상과 같이 각종 배치의 집합계수에 대해서 기술하였으며, 등가반경 r과 집합계수 η를 기초로 하여 봉전극의 단독 접지저항 R과 본수 n을 알면 소요 합성 접지저항 R_0를 구하기 위한 전극배치와 배치간격을 등가반경의 몇 배로 하면 되는 지를 계산할 수 있다.

6 접지전극의 접지저항 계산

　접지전극 및 공법(봉전극, 판전극, 매설지선, 메시접지 등)에 대한 접지저항 계산식은 다수가 제시되어 있다. 여기서는 대표적인 계산식을 기술한다.

6.1 봉전극의 접지저항 계산식

[1] 지표면에 타입하는 경우

　봉전극의 지표면 타입의 경우를 다음의 [그림 2-42]에 보인다.

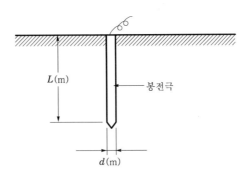

[그림 2-42] 봉전극의 지표면 타입의 경우

(1) G. F. Tagg, R. Rudenberg의 식

$$R = \frac{\rho}{2\pi L} \ln \frac{4L}{d}$$

(2) 영국 규격의 식

$$R = \frac{\rho}{2.73L} \log \frac{4L}{d}$$

(3) Sunde/H. B. Dwight 의 식

$$R = \frac{\rho}{2\pi L} \left(\ln \frac{4L}{d/2} - 1 \right)$$

(4) 田中의 식

$$R = \frac{\rho}{2\pi L} \ln \frac{2L}{d}$$

여기서, 식 (1) 및 식 (2)는 자연대수(ln)를 상용대수(log)로 치환한 것으로 동일식이다.

[2] 지표하 t(m)에 타입하는 경우

일반적으로 인축이 접촉할 우려가 있는 장소에 접지선을 매설하는 경우에는 접지전극을 지중 75 cm 이상 깊이에 매설하고 접지선에는 절연전선 또는 케이블을 사용하도록 규정되어 있다. 이는 접지전극에 의해서 발생하는 지표면의 전위경도를 완화시키기 위해서이다. 봉전극을 지표하 $t(\mathrm{m})$에 타입하는 경우를 다음의 [그림 2-43]에 보인다.

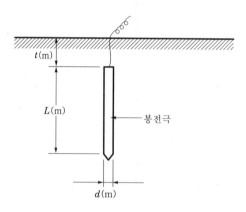

[그림 2-43] 봉전극의 지표하 $t(\mathrm{m})$에 타입하는 경우

(1) 木曾의 식

$$R = \frac{\rho}{2\pi L}\left[\ln\frac{2L}{d} + \frac{1}{2}\ln\frac{\{(3/2)L+2t\}}{\{(1/2)L+2t\}}\right]$$

(2) 馬淵의 식

$$R = \frac{\rho}{2\pi L}\left[\ln\frac{4L}{d} - 1 + \frac{1}{2}\ln\frac{\{(3/2)L+2t\}}{\{(1/2)L+2t\}}\right]$$

(3) 田中의 식

$$R = \frac{\rho}{2\pi}\left[\frac{1}{L}\ln\frac{2t(L+d)}{d(L+2t)} + \frac{1}{L+t}\ln\frac{L+2t}{t}\right]$$

봉전극을 사용하는 경우에 크기, 타입깊이, 매설깊이를 비교하면 다음과 같다.
• 봉 지름 d가 큰 만큼 저항값은 약간 감소하며 그렇게 큰 차이는 없다.
• 타입깊이, 즉 봉의 길이가 길어지면 저항값은 감소하며 그 감소비율은 점차적으로 낮아진다. 따라서, 다수 본을 연결하여도 그 효과는 적다.
연결식 봉전극의 타입깊이에 따른 접지저항을 다음의 [그림 2-44]에 보인다.

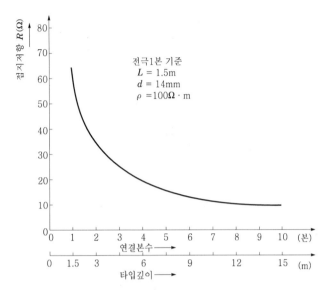

[그림 2-44] 연결식 봉전극의 타입깊이에 따른 접지저항

• 매설깊이 t가 커지면 저항값은 약간 감소하지만 그렇게 대폭으로 감소하지는 않는다.

따라서, 봉전극의 접지저항 계산에서는 지표하에 타입하는 경우에도 계산식 [1]의 (1) 및 (2)에 의해서 계산하여도 약간 높아지는 정도로 큰 차이는 없으며 이 편이 계산값으로서는 안전한 것이 된다.

지표하 $t(m)$에 타입하는 경우의 접지저항 감소 비율을 다음의 [그림 2-45]에 보인다.

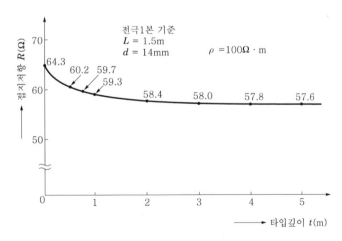

[그림 2-45] 지표하 $t(m)$에 타입하는 경우의 접지저항 감소 비율

지표하 타입깊이에 따른 각 계산식별 계산결과 접지저항의 차이를 다음의 [그림 2-46] 및 [그림 2-47]에 보인다.

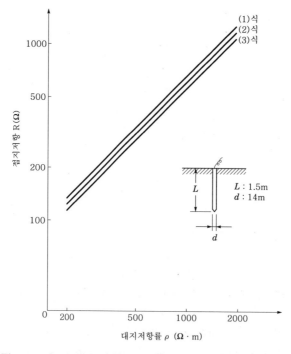

[그림 2-46] 지표에 타입하는 경우의 계산식별 계산결과 비교

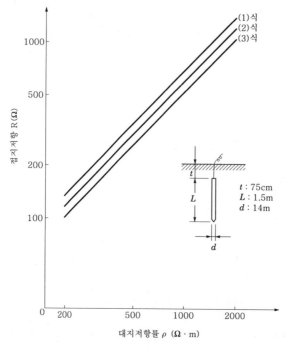

[그림 2-47] 지표하 75cm에 타입하는 경우의 계산식별 계산결과 비교

[3] 보링공법(심매설 공법)에 의한 경우

접지전극으로 가장 간단한 것이 연결식 타입 봉전극이며 사리층, 암석혼재의 경질지층에서는 기계력을 이용하여도 깊게 타입이 되지 않는 경우가 있다. 그리고 도심부에서 접지 시공면적이 제한되어 충분한 접지공사를 시행하지 못하는 경우가 있다.

이와 같은 경우에 보링 기계(boring machine)에 의해 $\phi 40 \sim \phi 120$ 정도의 굴착공을 $10 \sim 200\,m$ 깊이로 굴착하고, 이 굴착공에 금속선, 띠, 관, 도전성 콘크리트 등을 삽입 충전하여 전극으로 시용하는 공법이 보링공법(심매설 공법)이라고 한다.

그러나 보링공법에서는 공사비용이 매우 크므로 현장의 대지저항률을 충분히 조사하는 등 신중하게 설계를 하여야 한다.

이와 같이 대형 전극을 지중 수 $100\,m$까지 깊이 매설하는 경우에는 반구형 접지전극의 등가반경으로 치환한 계산식으로 산출한 저항값과 실측값 사이에 큰 차이가 발생하는 경우가 많다.

이 원인은 시공 장소의 대지가 복잡한 지층구조로 되어 있고 각 층의 대지저항률이 큰 폭으로 변하는 경우에 $\rho - \alpha$ 곡선에 의한 토양해석을 수행하여 대지저항률 ρ의 평균값을 산출하여도 실제로는 각 지층 상호간의 대지저항률이 영향을 받아서 발생하는 차이값으로 되기 때문이다.

대지저항률이 크고 그렇게 복잡한 지층이 아닌 경우에 다음 식이 적용되고 있다.

$$R = \frac{\rho}{\pi L^2} \cdot K \cdot F \cdot \ln L$$

여기서, K : 전극의 단면계수
F : 토양조건에 의한 보정계수(접지 유효범위 전체를 1로 함)
L : 보링 공의 깊이
ρ : 지중 각 층의 ρ의 평균값

6.2 판형전극의 접지저항 계산식

판형전극은 접지판으로 방형전극, 금속 시트, 도전성 콘크리트를 사용하는 대상전극으로 대별된다. 방형전극은 동판 이외에도 용융아연도금 강판도 있으며, 중량이 무거워서 운반이 불편하고 매우 고가이므로 최근에는 거의 사용되지 않고 있다.

그 이유는 동판(예 : $90\,cm \times 90\,cm \times 1.5\,mm$)을 지중 $75\,cm$의 깊이에 매설하는 경우의 접지저항과 봉전극(예 : $\phi 14 \times 1.5\,m$)을 $3\,m$의 간격으로 2본을 타입하는 경우의 접지저항이 거의 동일하기 때문이다.

대상전극은 매설지선 공법에 비해서 접지저하의 감소, 특히 과도 접지저항의 경감효과가 크므로 우수한 접지공법으로 적용되고 있다. 특히, 대지저항률이 높은 지역의 접지에 효과가 있다.

다음에 각종 판형전극의 접지저항 계산식을 기술한다.

[1] 원판형전극

판형전극의 접지저항은 그 면적과 동등한 원판형전극으로 치환하여 계산하여 근사값을 구한다.

(1) 원판형전극 (편면형)

원판형전극(편면형)을 다음의 [그림 2−48]에 보인다.

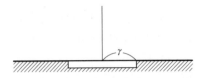

[그림 2−48] 원판형전극 (편면형)

두께에 비해서 반경 r 이 충분히 큰 원판형전극의 접지저항은 다음 식으로 표현된다.

$$R = \frac{\rho}{4\,r}$$

(2) 원판형전극 (양면형)

원판형전극(양면형)을 다음의 [그림 2−49]에 보인다.

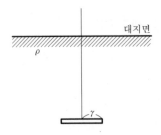

[그림 2−49] 원판형전극 (양면형)

원판형전극을 충분히 깊게 매설하는 경우에는 원판의 양면이 접지전극으로 유효하게 작용하므로 접지저항 R은 다음 식으로 표현되며 편면형의 경우의 반으로 된다.

$$R = \frac{\rho}{8r}$$

이와 같이 판형전극의 경우, 매설깊이가 낮으면 전극의 상면이 접지전극으로 유효하게 작용하지 않고 접지저항이 높게 된다. 그러나 판의 면적이 넓게 되면 깊이 굴착하는 데에 상당한 토공량이 발생하므로 매설깊이는 특별한 규정이 없으면 $75\,\mathrm{cm} \sim 1\,\mathrm{m}$ 정도를 표준으로 하고 있다.

[2] 방형전극

(1) 방형전극 (충분한 깊이로 매설하는 경우)

일정 형태의 방형전극의 편면 면적을 $A(\mathrm{m}^2)$와 면적이 동등한 원판형전극의 반경을 r (m)로 두면 다음 식이 성립한다.

$$A = a \cdot b = \pi r^2$$
$$\therefore \ r = \sqrt{A/\pi}$$

그러므로 접지저항 R은 다음 식으로 표현된다.

$$R = \frac{\rho}{8} \sqrt{\frac{A}{\pi}}$$

여기서, 정방형의 경우($a = b$)에는 다음 식으로 된다.

$$R = \frac{\rho \sqrt{\pi}}{8a}$$

정방형전극을 다음의 [그림 2-50]에 보인다.

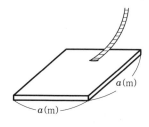

[그림 2-50] 정방형전극

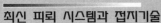
(2) 방형전극 (매설깊이 D의 경우)

방형전극을 다음의 [그림 2-51]에 보인다.

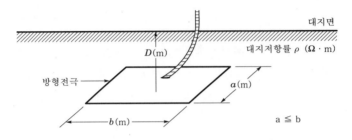

[그림 2-51] 방형전극

세로 $a(\mathrm{m})$, 가로 $b(\mathrm{m})$의 방형전극을 지표에서 $D(\mathrm{m})$ 깊이에 수평으로 매설하는 경우에 접지저항의 계산식은 다음 식으로 주어진다. 이 경우 전극판의 두께는 고려하지 않는다.

① 영국 규격의 식

$$R = \frac{\rho}{4.2} \left[\frac{1}{\sqrt{a \cdot b}} + \frac{0.16}{D} \right]$$

② Higgs 의 식

$$R = \frac{\rho}{4\pi ab} \left[3.1 \times \sqrt{\frac{a \cdot b}{1 + 0.0375(b/a)}} + \frac{ab}{2D} \right]$$

③ H. B. Dwight 의 식

$$R = \frac{\rho}{8\sqrt{ab/\pi}} + \frac{\rho}{8\pi D} \left(1 - \frac{7ab}{48\pi D^2} \right)$$

단, a : 장변의 치수, b : 단변의 치수

④ R. Rudenberg의 식

$$R = \frac{\rho}{2\pi b} \ln \frac{4b}{a}$$

단, a : 장변의 치수, b : 단변의 치수

이상의 식에서 ①식 및 ②식은 거의 동일한 값을 표시한다. ③식은 a, b가 그리 크지 않은 경우에 적용한다.

또한, ④식은 정방형전극의 계산식과 거의 동일한 값을 표시한다.

(3) 방형전극을 수직으로 매설하는 경우

판형전극을 수직으로 깊게 매설하는 경우에는 수평매설과 수직매설과의 저항값에 변화는 없다. 그러나 접지판을 지표 부근에 매설하는 경우에는 수직매설의 편이 낮은 값을 나타낸다.

이 원인은 수평매설에서는 지표에 근접한 면으로부터 유출되는 전류의 통로가 협소하여 전류밀도가 높아져서 접지저항이 높아지고 접지판의 하면이 토양과 양호하게 접촉하지 않으므로 공간이 발생하는 수가 많아서 접지저항 계산값보다 높아지는 경우가 많다. 실측에서는 약 10% 정도 높아진다.

이에 비해서 수직매설의 경우에는 접지판 양면이 매설하고 다짐을 양호하게 할 수 있어 토양과의 접촉이 양호하게 되고 접지판의 양면 전부 동일한 습도를 유지할 수 있으므로 수직매설의 편이 유리한 것이다.

그러나 굴착 토공량이 수평매설의 경우보다 배 이상이 필요하므로 건물 또는 철탑을 깊게 굴착하는 경우에 이 굴착 측구를 이용하여 수직으로 매설하는 경우가 많다.

수평매설과 수직매설도를 다음의 [그림 2-52]에 보인다.

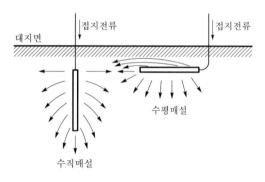

[그림 2-52] 수평매설과 수직매설도

① H. B. Dwight 의 식

$$R = \frac{\rho}{8\sqrt{ab/\pi}} + \frac{\rho}{8\pi D}\left(1 + \frac{7ab}{96\pi H^2}\right)$$

여기서, a : 단변의 길이

b : 장변의 길이
H : 접지판의 중심까지의 깊이
D : 접지판의 최상부까지의 깊이

각종 치수의 정방형 접지판을 $\rho = 100\Omega \cdot m$의 토양에 매설깊이(D)를 변화시키는 경우의 수평매설의 경우의 접지저항값을 방형전극 계산식((2)항의 ③식)에 의해 계산한 결과를 [표 2−17]에 보인다.

[표 2.6−1] 정방형 접지판의 접지저항 (수평매설)

(단위 : Ω)

매설깊이 D(cm)	1변 길이 (cm) 및 등가반경 (cm)				
	10	30	60	90	100
	5.7	16.9	33.9	50.8	56.9
50	230	81.8	44.3	31.4	28.5
75	227	79.2	42.0	29.6	26.8
100	226	77.9	40.9	28.1	25.8
150	222	76.6	39.5	27.2	24.6
200	221	76.0	38.9	26.6	23.9

그리고 동일한 조건에서 방형전극 수직매설의 경우에 대하여 상기의 계산식((3)항의 ①식)에 의해 계산한 결과를 [표 2−18]에 보인다.

[표 2−18] 정방형 접지판의 접지저항 (수직매설)

(단위 : Ω)

매설깊이 D(cm)	1변 길이 (cm) 및 등가반경 (cm)				
	10	30	60	90	100
	5.7	16.9	33.9	50.8	56.9
50	227	80.1	41.9	28.9	26.0
75	224	78.4	40.7	28.0	25.2
100	223	77.4	40.0	27.4	24.7
150	222	76.4	39.1	26.7	24.0
200	221	75.8	38.6	26.2	23.6

이상의 접지저항 계산결과에서 알 수 있는 것은 매설깊이 100 cm 까지는 깊이에 대응하여 저항값이 낮아지는 비율이 크며, 이 이상에서는 수평매설 및 수직매설 모두 저항값이 그리 큰 차이를 보이지 않는다. 따라서, 너무 깊게 굴착하여 매설하는 것이 대책은 아니다.

6.3 대상전극 접지저항 계산식

대상전극의 설치도를 다음의 [그림 2-53]에 보인다.

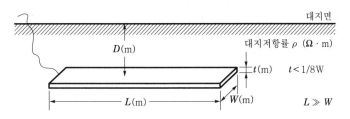

[그림 2-53] 대상전극 설치도

대상전극이 길이 L(m), 폭 W(m), 두께 t(m)인 경우에 접지저항 R은 다음 식으로 구한다.

[1] 직선형 대상전극의 접지저항

  (1) 영국 규격의 식

$$R = \frac{\rho}{2.73L} \log \frac{2L^2}{WD}$$

이 경우에 두께 t는 고려하지 않는다.

  (2) H. B. Dwight 의 식

$$R = \frac{\rho}{2\pi L} \left[\ln \frac{2L}{W} + \frac{W^2 - \pi Wt}{2(W+t)^2} + \ln \frac{L}{D} - 1 + \frac{2D}{L} - \left(\frac{D}{L} \right)^2 + \frac{1}{2} \left(\frac{D}{L} \right)^4 \right]$$

여기서, L은 W보다 충분히 크며 t는 W의 1/8 이하로 한다.

상기의 2개식((1)식 및 (2)식)의 계산결과 차이 비교를 다음의 [그림 2-54]에 보인다.

[2] 배치형태에 따른 대상전극의 접지저항

대상전극은 직선으로 시공하는 것이 가장 접지저항이 작다. 부지 관계상 L형으로 구부리거나 외주에 연하여 중공방형으로 시공하는 경우가 많다. 또한, 철탑의 경우와 같이 방사형으로 4조 또는 8조로 분할하여 시공하는 경우도 있다.

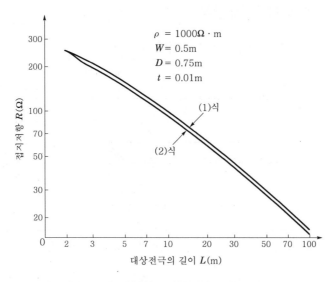

[그림 2-54] 대상전극 계산식의 계산결과 비교

이와 같이 구부리거나 분할하여 시공하는 경우에는 직선으로 시공하는 경우에 비해서 접지저항이 높게 된다. 이것은 각 변의 전극 상호간 저항구역에 중복되는 개소가 발생하여 집합계수가 크게 되기 때문이다.

그러나 직선이 아니고 분할하여 시공하는 편이 과도 접지저항(surge impedance)이 작으므로 접지로는 직선 시공보다 양호한 접지가 된다.

다음에 각 배치형태에 따른 접지저항 계산식을 기술한다.

(1) 병렬 대상전극

병렬 대상전극을 다음의 [그림 2-55]에 보인다.

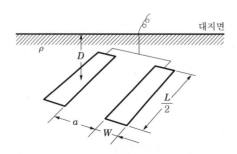

[그림 2-55] 병렬 대상전극

길이 $L/2$(m), 폭 W(m)의 대상전극을 a(m) 이격하여 평행으로 매설하는 경우, 합성접지저항의 근사값은 다음 식으로 주어진다.

$$R = \frac{\rho}{2.73L} \times \frac{1}{2} \left(\log \frac{2L^2}{WD} + \log \frac{2L}{a} \right)$$

(2) L형 대상전극

L형 대상전극으로 성형 대상전극을 [그림 2-56], 중공 대상전극을 [그림 2-57]에 보인다.

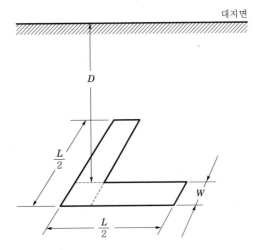

[그림 2-56] L형 대상전극

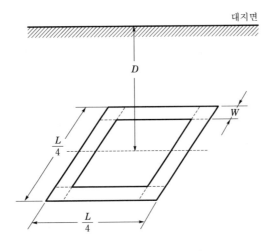

[그림 2-57] 중공 대상전극

길이 L(m), 폭 W(m)의 대상전극을 길이 $L/2$(m)로 분할하고 2매의 대상전극을 성형 (+자형)으로 매설하는 경우 및 $L/4$(m)로 분할하여 중공 정방형 대상전극(중공 각판전극)으로 하는 경우의 합성 접지저항의 근사값은 다음 식으로 구해진다.

$$R = 1.12 \times \frac{\rho}{2.73L} \log \frac{2L^2}{WD}$$

상기 식에서 보면, 우측 항은 직선 대상전극의 식이고, 좌측의 계수는 각각의 형태에 따른 집합계수(η)이다. 전 시공길이 20 m인 경우의 각 시공형태별 저항값의 차이 일례를 다음의 [표 2-19]에 보인다.

[표 2-19] 전 시공길이 20m에 대한 시공형태별 접지저항값 (예)

시공형태	접지저항값 (Ω)	비 고
대상(직선) 전극	6.42	
병렬 대상전극	6.42	$a=5\,\mathrm{m}$
L형 대상전극	6.61	
+자형 및 중공 정방형 대상전극	7.19	

(4) 방사형 대상전극

대상전극을 2, 4, 8조로 분할하여 방사형으로 시공하는 방법이 있으며, 이 경우의 접지저항 R_0는 집합계수를 알면 다음 식으로 구한다.

$$R_0 = \eta \cdot (R/n)$$

대상전극의 각종 배치별 집합계수를 다음의 [그림 2-58] 및 [그림 2-59]에 보인다.

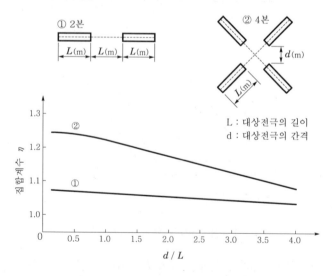

[그림 2-58] 대상전극의 집합계수 (a)

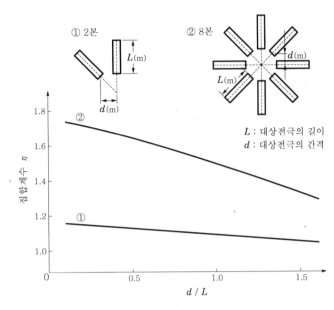

[그림 2-59] 대상전극의 집합계수 (b)

여기서, L(m)는 대상전극 1조의 길이, d(m)는 전극의 단말 상호간 간격이다. 그리고 대상전극을 방사형으로 시공한 경우의 집합계수를 다음의 [그림 2-60]에 보인다.

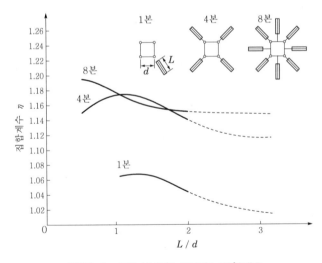

[그림 2-60] 방사형 접지의 집합계수

6.4 매설지선의 접지저항 계산식

매설지선(counterpoise)은 나전선을 수평으로 매설하여 전극으로 하는 방법이며 대상(帶

狀)전극에 대해서 선상(線狀)전극이라고 불린다.

타입식 봉전극은 시공이 간단하여 경제적인 전극이지만 현실적으로는 지중의 상층부에 사리층 또는 암반 등이 있는 경우에는 사용 불가능한 경우가 많다. 이와 같은 경우에 매설지선이 널리 사용되고 있다.

그러나 대지저항률이 높은 지역에서는 다른 공법의 접지전극을 병용하거나 대상전극을 적용하고 있다. 매설지선을 다음의 [그림 2−61]에 보인다.

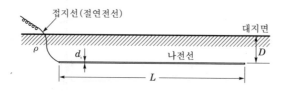

[그림 2−61] 매설지선

두께 d(m)의 나전선을 길이 L(m), 매설깊이 D(m)로 수평으로 매설하는 경우의 접지저항 R은 다음 식으로 주어진다.

[1] 직선 매설지선

(1) 영국 규격/G. F. Tagg 의 식

$$R = \frac{\rho}{2\pi L} \ln \frac{L^2}{dD}$$

(2) M 사의 식

$$R = \frac{\rho}{2.73 L} \ln \frac{L^2}{dD}$$

(3) Sund Schwarz 의 식

$$R = \frac{\rho}{2\pi L} \left(\ln \frac{2L}{\sqrt{dD}} - 1 \right)$$

여기서, 매설지선의 두께 d의 영향은 그리 크지 않다. 예를 들면, 매설지선의 두께가 2배로 되어도 저항값은 약 5% 정도 밖에 감소하지 않는다.

직선 매설지선의 접지저항 계산 예를 다음의 [표 2−20]에 보인다.

[표 2-20] 매설지선의 접지저항

매설지선의 길이 (m)	접지저항 (Ω)	
	반경 2 mm	반경 4 mm
10	16.11	15.01
20	9.16	8.60
30	6.54	6.16
40	5.13	4.85
50	4.24	4.02
60	3.64	3.45
70	3.19	3.02
80	2.84	2.70
90	2.57	2.44
100	2.34	2.23

매설지선의 접지저항 계산결과에 의하면 반경 2 mm의 지선을 반경 4 mm로 두껍게 하여도 접지저항값은 그리 감소하지는 않는다.

[2] 성형(star type) 매설지선

매설지선도 용지 관계상 길게 직선으로 시공이 곤란한 경우에 L형, 성형 배치로 시공하는 경우가 많다.

매설지선의 각종 형태별 접지저항 계산식을 다음 [그림 2-62]에 보인다.

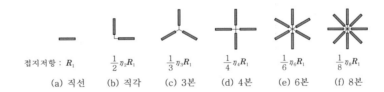

접지저항 : R_1 　　 $\frac{1}{2}\eta_2 R_1$ 　　 $\frac{1}{3}\eta_3 R_1$ 　　 $\frac{1}{4}\eta_4 R_1$ 　　 $\frac{1}{6}\eta_6 R_1$ 　　 $\frac{1}{8}\eta_8 R_1$

(a) 직선　　(b) 직각　　(c) 3본　　(d) 4본　　(e) 6본　　(f) 8본

[그림 2-62] 매설지선의 형태별 접지저항 계산식

직선 매설지선의 접지저항을 R_1으로 두면 각 형태별 접지저항 R_0는 다음 식으로 구해진다.

$$R_0 = \frac{R_1}{n} \cdot \eta_n$$

각종 형태별 집합계수 η_n을 계산한 결과를 [그림 2-63]에 보인다.

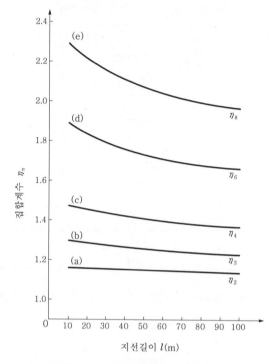

[그림 2-63] 매설지선의 집합계수

방사형(성형 : star type)으로 시공하는 경우에는 매설지선의 본수의 증가, 시공길이의 증가에 대해서 접지저항값의 감소비율은 점차 낮아진다. 예를 들면, 길이 50 m로 8본의 시공하는 경우의 집합계수는 2.08이므로 합성저항 R_0는 R_1의 약 1/4로 된다.

그러나 이것은 정상 접지저항으로 과도 접지저항은 1본의 경우의 1/8에 근접하는 수치로 되므로 대지저항률이 중간 이상의 장소에서의 철탑접지, 피뢰접지 등으로는 성형으로 시공하는 것이 매우 유리하다.

[3] 환상(loop type)지선

원주에 연하여 매설지선을 포설하는 방식이 환상지선이다. 이 방식은 미국이나 유럽에서는 일반적인 전극으로 사용하고 있다. 환상지선을 다음의 [그림 2-64]에 보인다.

원주의 지름 D(m), 지선의 반경 r(m)로 하는 경우, 환상지선의 접지저항은 다음 식으로 주어진다.

$$R = \frac{\rho}{2\pi^2 D}\left(\ln \frac{4D}{r} + \ln \frac{2D}{d} \right)$$

여기서, ρ : 대지저항률, d : 매설깊이

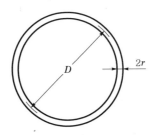

[그림 2-64] 환상지선

6.5 메시접지(mesh ground)의 접지저항 계산식

대지저항률이 $1000\,\Omega \cdot \mathrm{m}$를 초과하는 고저항률 지역에서는 낮은 접지저항을 얻기 위하여 봉전극 또는 판형전극으로는 낮은 값을 얻을 수가 없으므로 대상전극 또는 매설지선을 격자형(mesh)으로 접속하여 접지전극을 구성하는 망상 접지전극(메시접지)이 사용된다. 특별히 낮은 접지저항값을 필요로 하는 발변전소 구내에 널리 사용되는 공법이다. 그리고 발변전소 구내에 메시접지가 시공되는 것은 접지저항을 가능한 한 낮게 하여 사고시에 대지전위의 상승을 억제하며 인체의 장해사고를 방지하는 목적 이외에 구내의 기기 상호간에 전위차에 의한 절연파괴 등의 사고를 방지하기 위하여 구내의 전위경도를 낮추는 목적이 있다.

이와 같이 발변전소 구내를 메시접지로 하면 구내는 등전위로 되며 보폭전압, 접촉전압이 작게 된다.

메시접지의 접지저항 계산식에서 메시의 수가 무한대인 경우에는 판형전극으로 간주된다 (Sunde의 식).

이 식은 간략계산으로 많이 사용된다. 그리고 역으로 중공 각 판전극으로부터 순차적으로 메시의 수를 증가시켜 가는 것을 고려하는 방법도 있다(M 사의 식).

(1) Sunde 의 식 (판전극의 식)

$$R = \frac{\rho}{4r}\left(1 - \frac{4D}{\pi r}\right)$$

$$r = \sqrt{A/\pi}$$

여기서,　r : 메시의 등가반경(m)
　　　　　A : 메시의 점유면적(m^2)
　　　　　D : 매설깊이(m)

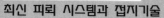

이 식은 메시의 수를 무한대로 하는 경우이므로 n 메시의 경우에 계산식은 다음 식으로 주어진다.

$$R_0 = \eta_n \cdot R$$

여기서, η_n은 메시 수에 따른 저항 증가율이며, 이 수치를 다음 [그림 2-65]에 보인다.

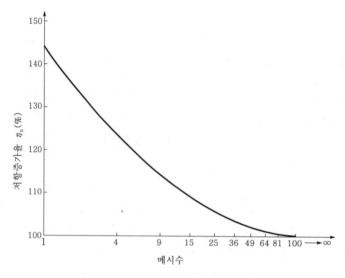

[그림 2-65] Sunde의 식에서 η_n의 값

(2) M 사의 식 (대상전극의 식)

$$R = 1.21 K_3 \cdot \frac{\rho}{2.73L} \cdot \log \frac{2L^2}{WD}$$

여기서, K_3 : 메시 수에 따른 저항 감소율(%)
　　　　L : 전극 외주(중공 방형)의 길이(m)
　　　　W : 대상전극의 폭(m)
　　　　D : 매설깊이(m)

이 식은 중공 대상전극으로부터 시작하여 순차적으로 메시의 수를 증가시켜 가는 방법이다. 메시 수에 따른 저항 감소율(K_3)을 다음의 [그림 2-66]에 보인다.

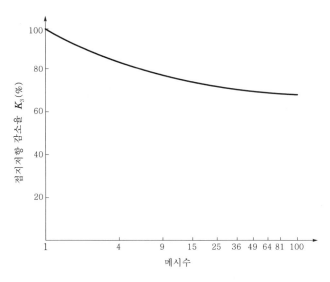

[그림 2-66] M 사의 식에서 K_3의 값

7 구조체 접지

접지전극에는 동, 철 등의 금속제 또는 탄소계의 봉상, 판상, 대상, 선상 등의 접지극을 대지에 매설하는 인위적 접지극이 있다.

이외에 접지의 목적으로 시공되는 것은 아니지만 넓은 표면적으로 대지와 접촉하고 있는 물체를 접지전극으로 이용하는 자연적 접지극이 있다. 이 대용 물체에는 대표적인 것으로 지중매설 수도관이 이용되어 왔다.

그러나 최근에는 수도관으로 합성수지관이 사용되어 접지전극으로 이용하는 것이 불가능한 경우가 많아졌다.

또한, 가스관은 위험하므로 접지전극으로 이용하는 것은 불가능하다. 철골조, 철근 콘크리트조, 철골·철근 콘크리트조의 건축 구조체의 접지저항이 인위적인 접지전극의 접지저항보다 현저하게 낮은 것이 실측에 의해 입증되어 있으므로 이러한 구조체의 일부인 철골이나 철근에 접지선을 접속하여 접지극으로 이용하는 것이 구조체 접지이다.

이 구조체 접지에는 철골·철근 콘크리트 구조물로 되어 있으면 건물의 기초, 철도, 고가교, 토류벽, 철탑기초, 터널 벽면 등 광범위하게 이용이 가능하다.

건축 구조체의 접지저항은 매우 낮으며, 이는 건축 구조체의 기초가 매우 큰 면적으로 대지와 접촉하고 있기 때문이다. 여기서, 구조물의 기초가 커도 철골이나 철근이 직접 대지와 접촉하고 있지 않고 사이에 콘크리트를 개재하여 접촉하고 있으므로 이에 대한 접지저항을 검토하여야 한다.

콘크리트 자체는 완전한 절연물이 아니며 어느 정도의 도전성을 가지고 있다. 이 저항률은 콘크리트의 배합률(시멘트, 모래, 자갈의 비율), 흡수율, 수질, 주위조건, 계절에 의한 온도변화 등 많은 요인에 의해 영향을 받으며, 토양 중에 매설되어 있는 경우에는 $40 \sim 80$ $\Omega \cdot m$ 정도의 값을 나타낸다.

콘크리트의 배합률, 흡수율 및 저항률을 다음의 [표 2-21]에 보인다.

[표 2-21] 콘크리트의 배합률, 흡수율 및 저항률

배합 비율 (시멘트 : 모래 : 자갈)	흡수율 (%)	저항률 ($\Omega \cdot m$)
1 : 3 : 6	4.9	80.0
1 : 2 : 4	6.2	51.6
1 : 3 : 0	13.9	47.2
1 : 2 : 0	16.1	37.9

그리고 토양의 종류별 저항률을 다음의 [표 2-22]에 보인다.

[표 2-22] 토양의 종류별 저항률

토양의 종류	저항률 ($\Omega \cdot m$)
점토질의 논 및 습지	$10 \sim 150$
점토질의 화전지	$10 \sim 200$
해안지대의 모래지역	$50 \sim 100$
표토 하 사리층의 논 및 화전지	$100 \sim 1000$
산지	$200 \sim 2000$
사리층, 옥석층의 해안 및 하상 적토층	$1000 \sim 5000$
암반지대의 산지	$2000 \sim 5000$
사암 및 암반지대	$10^4 \sim 10^7$

콘크리트의 저항률은 일반 토양에 비해서도 낮은 편에 속한다. 따라서, 기초 콘크리트의 저항률은 상당히 낮으며 주변의 대지보다 낮다. 그러므로 철골, 철근과 대지 사이에 콘크리트가 존재하고 있어도 접지저항에는 그다지 영향이 없으며 건축 구조체의 접지저항은 낮은 값을 나타내는 것이다.

여기서, 문제가 되는 것은 건축 구조체와 같이 대규모 접지체의 접지저항을 정확하게 측정하는 것은 대단히 곤란하다는 것이다. 일반적으로 수행되고 있는 접지저항 측정법(전위강하법)에서는 측정용 보조전극의 타입간격을 그 접지체의 반구형 접지전극 등가반경의 약 10배(건물 1변 길이의 약 5배) 이상 이격할 필요가 있으므로 적어도 300~600 m의 거리가 필요하게 된다.

건축물 건설현장에서 주변의 건물이나 지중 매설물 등에 영향을 주지 않고 수 100 m 간격으로 측정용의 부지를 확보하는 것은 불가능하다. 그러므로 구조체 접지와 같은 대규모 접지체의 접지저항을 추정하는 방법이 필요하게 된다.

7.1 구조체의 접지저항 추정방법

건축 구조체의 접지저항은 그 건물 등이 건설되어 있는 지점의 대지저항률과 건물 등의 지표하 기초부분의 크기에 의해서 결정된다. 따라서, 측정을 수행하지 않고 대지저항률과 검축물 기초의 표면적으로부터 구조체의 접지저항을 추정하는 것이 가능하다.

이 방법을 다음에 기술한다.

[1] 대지저항률의 결정

대지저항률 측정기가 있는 경우에는 이에 의해 건설지점의 대지저항률을 측정한다. 측정은 보통 Wenner의 4전극법에 의해 수행한다. 이 경우, 전극의 간격은 각각 10 m로 하여 측정한다. 대지저항률 측정기가 없는 경우에는 건설지점에 접지봉을 타입하고 그 접지저항을 측정하여 대지저항률을 역산한다.

대지저항률은 굴토 전 또는 굴토 후의 지표면에서 건축면적 50 m×50 m에 각각 1점을 측정하고 그 산술평균값을 적용한다.

[2] 건축물 지하부분의 연 표면적의 산정

건축물이 대지와 접촉하고 있는 부분의 전표면적(지표하 부분의 하부 및 측면의 면적을 전부 가산한 면적)을 계산한다.

단, 기초 지주 등의 표면적은 제외한다. 여기서, 기초 지주의 표면적을 제외하는 것은 기초 지주로 콘크리트 파일(pile), 강관 파일 등이 사용되고, 이 자체가 양질의 접지전극으로 접지효과가 충분하지만 그 구성(길이, 본수, 간격 등)이 복잡하여 접지저항의 산정이 곤란하기 때문이다.

따라서, 이와 같은 기초 지주를 타입하는 경우에는 추정 계산값보다도 상당히 낮은 접지저항이 얻어지는 것을 예상할 수 있다.

구조체 지하부분의 연 표면적 개념도를 다음의 [그림 2-67]에 보인다.

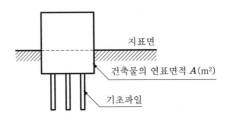

[그림 2-67] 구조체 지하부분의 연 표면적 개념도

[3] 접지저항의 계산

대지저항률 $\rho(\Omega \cdot m)$, 지하부분의 전표면적 $A(m^2)$가 결정되면 표면적 A와 동일한 표면적을 가지는 반구형 접지전극으로 치환하고 그 반경을 $r(m)$로 두면 반구형 접지전극의 식으로 표현된다.

$$A = 2\pi r^2 \qquad \therefore \quad r = \sqrt{A/2\pi}$$

$$R = \frac{\rho}{2\pi r} = \frac{\rho}{\sqrt{2\pi A}} = \frac{0.4\rho}{\sqrt{A}}$$

반구형 전극으로의 치환을 다음 [그림 2-68]에 보인다.

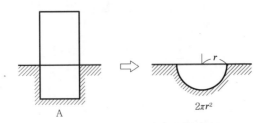

[그림 2-68] 반구형 전극에의 치환

건축물의 지하부분은 형태가 복잡하여 엄밀하게는 반수형 전극의 식을 적용할 수 없지만 접지저항의 추정에는 충분하다.

따라서, 상기의 식에 의해서 대지저항률과 구조체 지하부분의 연 표면적으로부터 접지저항을 계산할 수 있다.

이 계산결과가 5Ω 이하이면 피뢰설비의 접지전극은 생략하여도 좋은 것으로 되어 있다. 여기서, 안전계수 3을 적용하면 다음 식으로 된다.

$$R = \frac{0.4\rho}{\sqrt{A}} = \frac{5}{3} \fallingdotseq 1.7 \Omega$$

상기의 식을 도표화한 것이 접지극 생략 판정곡선이며, 이를 다음의 [그림 2-69]에 보인다.

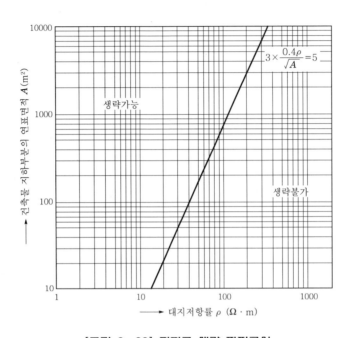

[그림 2-69] 접지극 생략 판정곡선

접지극 생략 판정곡선에서 ρ와 A의 교점이 생략 가능한 영역이며 접지전극을 생략하여도 좋은 것으로 된다. 단, 상기의 접지저항값 (5/3)Ω은 피뢰침 설비의 경우에만 적용되며 일반 접지에는 적용되지 않는다.

7.2 구조체 접지의 적용

철골조, 철근 콘크리트조, 철골·철근 콘크리트조 구조체의 접지저항은 매우 낮으며, 그 값은 인위적 전극에 의해 얻어지는 것보다 상당히 낮다. 또한, 대지와 넓은 면적으로 접촉하고 있으므로 서지 임피던스 특성이 양호한 접지전극이 된다.

특히, 도시부, 산악부와 같이 접지극 시공을 위한 부지면적이 제한되어 있는 장소에서는 구조체 접지를 적극적으로 이용할 수 있다. 접지를 시공하는 장소의 부근에 이러한 구조체가 있는 데도 특별히 접지공사를 시행하는 것은 큰 손실이 된다.

그리고 건물 내부의 전기설비에서 바닥, 측벽, 천장 등에 설치되어 있는 기기, 배관, 케이블 트레이(cable tray) 등은 특별히 절연되어 있지 않는 한 직접 또는 간접적으로 많은 장소에서 건물의 철골, 철근 등의 도전부분에 접촉되어 자연적으로 구조체 접지에 접속되는 것으로 된다.

　이와 같은 설비에 대해서 건물의 부근에 별도의 접지공사를 시행하여 설비에 접속하는 것은 적절하지 않으며 시행시에는, 사고시에 양 접지간에 발생하는 전위차에 의한 장해를 방지하기 위해서도 구조체 접지와 반드시 접지하여야 한다.

　건물과 같은 구조체의 부근에 접지전극을 매설하여도 구조체 접지의 저항구역 내에 인위적 접지극이 포함되므로 외견상으로는 별도접지를 시행한 것으로 되지만 접지 이론상으로는 동일한 접지체로부터 접지선을 별도로 인출한 것과 동일한 것으로 간주될 수 있다.

　건물접지(예) 계통을 다음의 [그림 2-70]에 보인다.

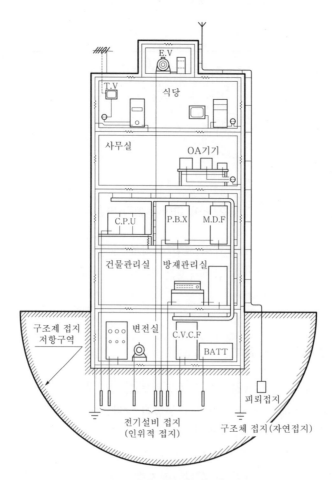

[그림 2-70] 건물접지 계통 (예)

　그리고 필연적으로 각각의 접지극 사이에는 사고시에 전위차가 발생한다. 이것을 방지하기 위해서는 접지극을 연접선으로 접속하고 동시에 구조체의 철골, 철근에 접속하여야 한다.

단독접지와 공용접지

접지가 필요한 기기가 다수 있는 경우에 각각의 기기에 단독으로 접지를 시행하는 방법과 가능한 한 한 기기를 집합시켜 공통으로 접지를 시행하는 방법이 있다.

최근 도시지역을 포함하여 일반 평지, 산간지역 등에서 건물, 설비, 철탑 등의 건설용지가 제한되고 넓은 부지의 확보가 곤란하게 되고 있다. 특히, 도심지역에서는 건물의 부지면적이 협소하고 고층화 및 다목적화의 경향이 강하게 추진되고 있다.

이와 같은 상황에서 접지공사에 필요한 용지확보가 곤란하게 되고 기 서술한 저항구역을 고려하면 독립된 접지를 다수 시공하는 것은 지극히 곤란하다. 특히, 다목적 용도의 건물에서 다양한 전기설비에 시행되는 접지에서 접지의 공용문제는 피할 수 없다.

8.1 접지방식

일정 구내 또는 건물 내에서 접지가 필요한 설비가 다수 있는 경우에 시행되는 접지방식으로 다음의 종류가 있다.

① 개별 단독 접지방식
② 단독접지 접지선 연접 접속방식
③ 복수설비 접지 공용방식
④ 건축 구조체 접지 이용방식

상기의 접지방식에서 ①은 단독접지, ②~④는 공용접지가 된다.
각종 접지방식을 다음의 [그림 2-71]에 보인다.

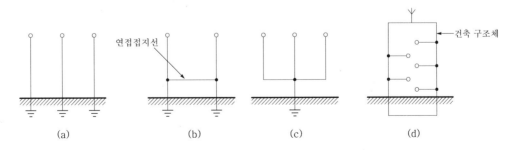

[그림 2-71] 접지방식

8.2 접지계의 전위간섭

건물 내부에는 다양한 설비가 있고 접지의 종류도 전력접지, 기기접지, 신호접지 등 다양하며 피뢰접지도 건물 부지 내에 시공된다. 이러한 접지를 각각 독립접지로 시공하는 경우, 한정된 부지 내에 다수의 접지전극이 존재하게 된다.

이러한 상황에서 어느 접지계에서 지락사고가 발생하거나 뇌격전류가 유입하는 경우, 다른 접지계의 전위상승, 즉 전위간섭이 발생한다. 이 전위간섭을 정량적으로 평가하기 위하여 전위간섭계수가 도입되어 있다.

접지전극의 상호간섭 개념도를 다음의 [그림 2-72]에 보인다.

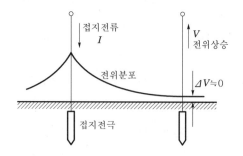

[그림 2-72] 접지전극의 상호간섭 개념도

단독접지는 개별적으로 접지를 시행하는 것으로 이상적인 단독접지는 2본의 접지전극이 있는 경우에 한 측의 전극에 접지전류가 흘러도 다른 측의 접지극에는 절대로 전위상승을 야기하지 않는 경우이다. 이상적으로는 2본의 접지전극이 무한대의 거리로 이격되어 있지 않으면 완전하게 독립되어 있다고 할 수 없다. 그러나 현실적으로는 전위상승이 일정 범위 이내이면 상호간에 독립된 것으로 간주한다.

이 이격거리는 다음의 3가지 요인에 의거하여 결정된다.

- 발생 접지전류의 최대값
- 전위상승의 허용값
- 대지저항률

전위상승의 허용값에 대해서 인체의 경우에는 허용 접촉전압의 문제이며, 약전류 기기에 대해서는 과전압 내성이 문제가 된다. 그리고 지락전류가 작아도 대지저항률이 높으면 간섭의 정도도 크게 된다. 그리고 한정된 부지 내에 접지계통이 다수 있는 경우에 접지전극간에 충분한 이격거리를 취하는 것은 매우 곤란하다.

그래서 전위간섭계수의 개념이 도입되며 이 전위간섭계수에 대하여 기술한다.

전위간섭계수의 개념도를 다음의 [그림 2-73]에 보인다.

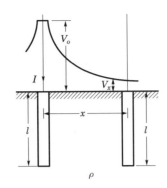

[그림 2-73] 전위간섭계수의 개념도

접지전극에 지락전류가 흐르면 그 전극의 전위가 상승하고 전극 부근에 전위분포를 발생시킨다. 그 결과 다른 전극의 전위도 상승하게 된다.

여기서, 다른 전극에 파급되는 전위영향의 척도로 다음 식과 같은 전위간섭계수 κ 가 도입된다.

$$\kappa = \frac{(\text{다른 전극의 전위})}{(\text{자체 전극의 전위})} = \frac{V_x}{V_0}$$

일정 접지전극의 전위분포에 대한 이론식이 있으면 이것을 기준으로 자체전극의 전위 V_0, 거리 x 만큼 이격되어 있는 다른 전극의 전위 V_x 를 계산하여 이론적인 전위간섭계수를 구할 수 있다.

이외의 전극의 경우에는 접지 시뮬레이션에 의하여 추정할 수가 있다. 이 접지 시뮬레이션에 의한 전위간섭계수 산정 예를 다음에 기술한다.

접지전극의 종류를 판전극, 봉전극 및 봉형 병렬전극으로 하고 다음의 [그림 2-74]와 같이 배치한다.

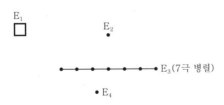

E_1 : 1변 90cm
$E_2 \sim E_3$: 지름 12cm, 길이 900cm
거리 : 3m

[그림 2-74] 전극 배치도(예)

여기서, 전극의 치수 및 전극의 이격거리는 적정값의 모델로 상정한다. 접지 시뮬레이션 수행결과, 전류가 흐르는 유입측과 이에 의해 전위간섭을 받는 상승측으로 각각 분리하여 전위간섭계수를 구한 결과(예)는 다음의 [표 2-23]과 같다.

[표 2-23] 접지 시뮬레이션에 의한 전위간섭계수(예)

유입측	상승측			
	E_1	E_2	E_3	E_4
E_1	−	0.0488	0.0512	0.0477
E_2	−	−	0.0925	0.0611
E_3	−	0.354	−	0.405
E_4	−	0.0624	0.107	−

예를 들면, 전극 E_1에 의한 전위간섭에 대해서 보면 전극 E_2는 계수가 0.0488이다. 이 의미는 E_1의 전위의 약 5%가 E_2에 간섭을 미치는 것이 된다. 각각의 전극에 대해서 그 간섭을 받는 정도를 상기의 수치에 의해 평가하는 것이 가능하다.

8.3 단독접지

단독접지는 복수의 설비에 각각 개별적으로 접지를 시행하는 방식이다.
단독 접지전극의 상호간섭을 다음의 [그림 2-75]에 보인다.

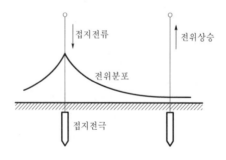

[그림 2-75] 단독 접지전극의 상호간섭

이상적인 단독접지는 2개의 접지전극이 있는 경우에 한편의 접지전극에 접지전류가 흘러도 다른 접지전극에는 절대로 전위상승이 발생하지 않는 경우이다. 따라서, 이론적으로는 2개의 접지전극은 무한대의 거리 만큼 이격되지 않으면 완전하게 독립된다고 할 수 없다. 그러나 현실적으로는 전위상승이 일정 범위 내에 들어가면 2개의 접지전극은 상호간에 독립된 것으로 간주하고 있다.

이 경우 접지전극 상호간의 이격거리는 다음의 3가지 요인에 의거한다.

① 발생 접지전류의 최대값 : $I(\mathrm{A})$

② 전위상승의 허용값　 : $\Delta V(\mathrm{V})$

③ 대지저항률　　　　 : $\rho(\Omega \cdot \mathrm{m})$

상기의 요인과 접지전극의 이격거리(S) 사이의 관계식은 다음과 같다.

$$\Delta V = \frac{\rho I}{2 \pi S}$$

$$\therefore \ S = \frac{\rho I}{2 \pi \Delta V}$$

여기서, 지름 14 mm, 길이 3 m의 봉전극을 예로 상정 접지전류 $I(\mathrm{A})$에 의한 전위상승 $\Delta V(\mathrm{V})$와 이격거리 $S(\mathrm{m})$의 관계를 검토한다.

단독 접지전극 사이의 간섭을 다음의 [그림 2-76]에 보인다.

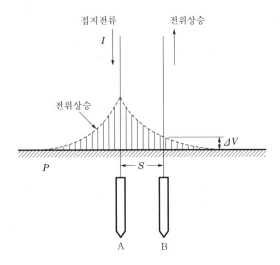

[그림 2-76] 단독 접지전극 사이의 간섭

단독 접지전극 사이의 간섭도에서 A 전극에 접지전류 $I(\mathrm{A})$가 흐르는 경우, B 전극에 전위상승의 허용값 $\Delta V(\mathrm{V})$가 발생하도록 이격거리 $S(\mathrm{m})$를 계산하면 다음의 [표 2-24]와 같다.

[표 2-24] 단독접지의 이격거리

(단위 : mm)

상정 접지전류(A)	전위상승의 허용값, ΔV		
	2.5 V	25 V	50 V
10	63	6	3
50	318	32	16
100	637	64	32

전위상승의 허용값은 접지전류가 작아도 대지저항률이 높으면 전위상승은 높게 되므로 이것 만큼 이격거리를 크게 하여야 한다. 그리고 보폭전압의 관점에서 그 경사인 전위경도가 문제가 된다.

따라서, 제한된 부지 내에서 다수 계통의 접지공사를 시행하는 경우에 상호간에 단독접지로 하는 것은 대단히 곤란하게 된다.

8.4 공용접지

공용접지는 복수의 설비를 한 장소 또는 복수 장소에 시공된 공통의 접지전극에 공통으로 접속하는 방법이다.

공용접지가 단독접지보다 유리한 장점은 다음과 같다.

- 각 접지전극이 병렬로 접속되므로 접지저항이 낮다.
- 접지전극 1개가 불량이 되어도 다른 접지전극으로 보완하는 것이 가능하므로 접지 신뢰도가 향상된다.
- 건축 구조값을 이용한 구조체 접지로 하면 접지저항이 대단히 낮게 할 수가 있다
- 접지전극의 수량을 경감시킬 수 있으므로 경제적이다.
- 접지선이 적게 소요되고 접지계통이 단순하게 되므로 보수점검이 용이하다.
- 부하측 기기의 절연이 열화되어 지락사고가 발생하는 경우, 지락전류가 대지를 경유하지 않고 금속체 회로를 통하여 전원으로 흐르게 되므로 보호 계전기에 의한 지락보호가 가능하다.
- 절연 열화된 부하기기의 금속제 외함 등에 인체가 접촉되는 경우에 인체에 큰 지락전류가 흐르지 않으므로 안전성이 높다.

8.5 공용접지의 유의사항

단독접지를 주장하는 측에서는 접지를 공용시에 일부 설비에서 지락전류가 발생하는 경우에 전위상승이 다른 설비로 파급되어 발생하는 위험을 단독접지에서는 피할 수 있다고 주

장한다. 물론 이는 이상적인 단독접지를 기준으로 한 것이다.

그리고 다른 설비로부터의 잡음유입에 의한 오동작을 방지할 수 있다는 것이다. 또한, 시고 발생시에 책임 소재 및 유지보수를 명확히 할 수 있다는 것이다.

이상과 같은 이유에서 접지를 공용하는 것이 회피되어 왔다. 그러므로 접지를 공용하는 경우에는 공용접지에 의해서 상호접속되어 있는 설비에 대해서 다음 사항을 검토하여야 한다.

[1] 설비에서 발생하는 접지전류의 특성

접지전류는 접속되어 있는 설비의 종류에 따라 다른 특성을 가지고 있으며 전류의 크기, 파형, 지속시간, 발생확률 등 다양하다.

예를 들면, 피뢰설비, 피뢰기에서는 큰 접지전류가 발생할 가능성이 있지만 지속시간이 짧고 발생확률은 낮다.

이에 대해서 변압기 중성점 접지의 접지전극에는 부하기기의 누설전류가 환류하고 있으므로 전류의 크기는 작지만 장시간 접지전류가 흐를 가능성이 높다.

그리고 컴퓨터와 주변기기에서는 전원에서의 잡음 침입을 방지하기 위하여 전로와 대지 간에 콘덴서를 선로 필터(line filter)로 접속하고 있다. 이 때문에 항상 상당 변위전류가 접지선을 통하여 대지로 흐르게 된다. 이와 같은 변위전류도 누설전류 이외에 포함된다.

노이즈 필터(noise filter)의 예를 다음의 [그림 2-77]에 보인다.

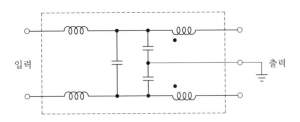

[그림 2-77] 횡 과전압(normal mode)/종 과전압(common mode) 노이즈 필터

[2] 전위상승이 기기에 미치는 영향

설비 중에는 접지선으로부터 침입하는 전위상승을 특히 피해야 하는 것이 있다.

예를 들면, 컴퓨터와 주변기기에서는 접지선에서 잡음(noise)이 침입하면 오동작 또는 장해요인이 된다. 그리고 의료용 전기설비의 경우에는 접지선의 전위상승이 환자의 감전사고를 유발할 우려가 있다. 또한, 각종 고감도 측정장치 등의 경우에는 접지선의 전위상승이나 임펄스 잡음에 의해 측정값에 오차가 발생되는 경우가 있다.

이와 같이 접지를 공용하여 발생하는 문제점은 다수 있지만 전위상승에 의한 파급영향에 대해서는 그 접지 시스템의 접지저항이 극히 낮으면 그만큼 문제는 없게 된다. 그러나 이러한 문제를 해결하기 위해서는 각각의 설비의 접지를 단독접지로 하면 이상적이지만 현실적으로 용지확보, 공사비의 경제성 등의 면에서 다수의 단독접지를 설치하는 것은 사실상 불가능하다.

결국 조건이 엄격한 소수의 설비만 단독접지로 하고, 다른 설비는 전부 공용접지로 하는 것이 현실적이다. 이 경우 단독접지 또는 공용접지를 구분하는 것은 접지계통 내의 설비의 종류에 따라 다르게 된다.

낮은 접지저항을 얻는 한 방법으로 건축 구조체를 접지전극으로 이용하는 구조체 접지방식이 적용될 수 있다.

8.6 구조체 접지의 적용

건물 내부에 다양한 설비가 설치되고 각각의 설비에 접지를 시행해야 하는 경우에 접지의 독립과 공용의 문제가 발생한다.

특히, 도심지역에서는 용지의 확보 문제로 접지공사 자체가 곤란하고 공용접지로 구조체를 이용하는 이외의 방법은 없는 경우도 발생한다. 여기서는 건축 구조체를 이용하는 경우의 접지방법에 대하여 기술한다.

[1] 건축 구조체의 전기적 특성

철골조, 철골·철근 콘크리트조, 철근 콘크리트조 건축물에서는 그 주 구조체가 구조적으로 접속되어 일체로 되어 있다. 그리고 기둥, 보 등은 상호 간에 볼트 등으로 결합되어 있다. 무엇보다도 주 구조체, 기둥, 보 등은 큰 단면적을 가지고 있다. 따라서, 건축 구조체의 각 부분은 상호간에 낮은 전기저항으로 접속되어 있으며 건물 전체가 도체로 구성된 전기적 격자(cage) 구조가 된다.

일부 측정 결과에 의하면, 철골조의 고층 건물 구조체의 옥상에서 지하 1층까지의 직류저항은 $10^{-3}\Omega$으로 되어 있는 경우도 있다.

그리고 철근 콘크리트조 3층 건물 구조체의 직류저항은 $10^{-2}\Omega$으로 기록되어 있다.

이와 같이 구조체는 낮은 전기저항을 가지는 양도체로 전기적인 면에서 보면 일종의 입체적 전기회로망이라고 할 수 있다.

건축 구조체를 공용접지의 접지극으로 사용하기 위해서는 건축물이 전기적 격자(cage)로서의 입증 여부를 평가하는 것이 합리적이다.

이를 위해서 다음의 조건을 만족하여야 한다.

- 철골조, 철골·철근 콘크리트조, 철근 콘크리트조로 대지와의 접촉면적이 어느 정도 큰 지하부분을 가지고 있어야 한다.
- 대지저항률이 어느 정도 낮아야 한다.

[2] 건축 구조체 이용이 불가능한 경우

각종 기기의 접지 공용 가능 여부를 특별고압전력 공급 유무에 의해 정리하면 다음의 [표 2-25]와 같다.

[표 2-25] 건축구조물과 전기설비의 접지 공용

건축물의 종류	특별고압 공급 유무	저압기기의 접지	중성점 접지	고압기기의 접지	피뢰기/피뢰침의 접지	통신설비의 접지
전기적 격자 입증 건물	유	○	○	□	□	△
	무	○	○	□	□	△
전기적 격자 아닌 건물	무	○	○	□	×	△

[주] : 기호 표시

　　○ : 조건없이 공용 가능

　　□ : (종합 접지저항)<[150/(고압회로 1선 지락전류)]인 경우에 공용 가능

　　△ : 보안기 설치시, 사용 가능

　　× : 공용 불가, 접지극은 20 m 이상 이격 설치

상기의 적용기준에 대해 부언하여 설명하면 다음과 같다.

- 저압기기의 접지와 변압기의 중성점 접지의 공용은 가능하다.
- 특별고압의 공급이 없고 동시에, 종합 접지저항이 다음 식을 만족하면 고압기기의 접지 및 저압기기의 접지 또는 고압기기의 접지, 저압기기의 접지 및 중성점 접지의 공용이 허용된다.

$$(\text{종합 접지저항}) < \frac{150}{(\text{고압회로 1선 지락전류})} \, \Omega$$

[3] 건축 구조체의 이용이 가능한 경우

건축 구조체가 전기적인 격자(cage)로 입증된 경우에는 건축 구조체 접지가 가능하므로 이것을 공용접지로 이용 가능하다.

건축 구조체 접지를 공용 가능한 설비를 다음의 [표 2-26]에 보인다.

[표 2-26] 접지의 공용 (건축 구조체 이용)

구 분	계통 접지	기기 접지	피뢰 접지	정보기기 접지	통신기기 접지	의료기기 접지
계통접지	−	○	□	□	□	□
기기접지	○	−	□	○	○	□
피뢰접지	□	□	−	□	□	□
정보기기 접지	□	○	□	−	○	○
통신기기 접지	□	○	□	○	−	○
의료기기 접지	□	□	□	○	○	−

[주] : 기호 표시

　　○ : 공용 가능

　　□ : (종합 접지저항)＜[150/(고압회로 1선 지락전류)]인 경우에 공용 가능

[4] 건축 구조체 공용접지의 유의사항

건축 구조체를 접지전극으로 이용 가능한 것은 특히 고층 건물의 경우에 유효하다. 이것은 상층부에 있는 설비에 접지를 시행하는 경우에 접지선을 포설할 필요가 없는 것이다. 가끔 이 접지선이 장해의 원인으로 되는 경우가 있다.

따라서, 건물이 전기적 격자(cage)로 된 경우에는 적극적으로 건축 구조체 접지를 공용하여도 좋다. 단, 다음 사항에 유의하여야 한다.

- 각 층의 설비와 구조체를 접속하는 연접 접지선으로 굵은 연동선($22\,\mathrm{mm}^2$ 이상)을 사용하여 가능한 한 단거리로 포설하여야 한다.
- 구조체에 접속하는 접지선은 용접(thermo-welding) 등으로 완전하게 접속하여야 한다.
- 건물 전체가 대지와 동등한 전위가 되도록 시공하여야 한다. 즉, 건물 내부에 있는 설비의 비충전 금속체 부분은 전부 구조체의 금속부분에 접속하여야 한다.
- 건물에 인출입되는 전기회로(전력선, 정보통신회로 등) 및 금속체(금속 배관 등)에는 해당 인출입 부분에 보안기를 설치하고 구조체에 접지하여야 한다.

공용접지에서 발생할 수 있는 전위상승의 파급영향에 대해서는 다음과 같이 고려한다. 건축 구조체의 전위상승도를 다음의 [그림 2-78]에 보인다.

건축물이 뇌격을 받은 경우, 방전전류는 구조체를 통과하여 대지로 방류된다.

여기서, 구조체는 전기적 격자(cage)이므로 뇌격전류에 의한 대지전위의 상승을 V라고 하면 건물 내의 전위상승은 건물 전체가 변위되므로 건물의 전위상승 E를 제한 ΔV, 즉 피상(겉보기) 대지전위를 고려하는 것만으로 충분하다.

이때에 구조체의 접지저항이 작으면 그만큼 전위상승도 작아진다.

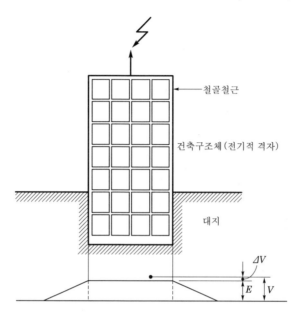

[그림 2-78] 건축 구조체의 전위상승도

따라서, 피상 대지전위도 작아지고 전위차를 특별히 고려할 필요는 없다. 이와 같이 구조체 이용의 유의사항을 준수하면 전위상승의 파급영향은 고려할 필요가 없다.

 접지저항의 경감

어느 경우에서도 접지저항은 낮은 것이 좋다. 단, 정전기 장해방지용 접지는 예외이다. 특히, 최근에는 정보통신기기는 물론, 전력설비에 대해서도 낮은 접지저항이 요구되는 경우가 증가되고 있다. 그러나 접지공사 시공장소의 조건에 따라서는 필요한 낮은 접지저항을 얻지 못하여 접지공사가 매우 곤란하거나 고가의 비용이 소요되는 경우가 있다. 그러므로 저항값을 경감시키는 방법이 다양하게 연구되어 왔다.

접지저항 경감법을 대별하면 다음과 같다.

(1) 물리적 저감법
- 접지전극의 형태를 크게 하여 대지와의 접촉면적을 확대하는 방법

(2) 화학적 저감법
  • 접지전극 주변 토양의 저항률을 화학약품에 의해 경감시키는 방법

　물리적 저감법에는 다수의 접지봉을 타입하는 방법, 타입깊이의 확장, 매설지선 길이의 증대, 매설지선의 메시(mesh)화, 대상전극의 포설 등이 수행된다. 그러나 접지전극의 형태 또는 치수를 증대하여도 저항값은 이에 비례하여 경감되지 않으며, 경감효과도 그렇게 기대하기 어려우며 용지의 확보, 경제적 부담 등의 한계가 발생한다. 그래서 화학적 처리를 하는 화학적 경감법이 수행되고 있다.

　화학적 저감법에는 전극 주변 토양의 대지저항률을 경감시키기 위하여 토양을 함수량이 많은 적토, 점토 등으로 교체하는 객토공법, 화학약제를 사용하여 저항률을 낮추는 방법(전해질계 저감제) 및 도전성 재료를 토양 중에 매설하는 방법(도전질계 저감제)이 있다.

　접지저항의 대부분은 접지전극의 극 부근에 존재하며 어떤 방법에 의해 접지전극 주변 토양의 저항률을 인위적으로 낮추면 그 접지전극의 접지저항은 낮아지게 된다. 이것이 접지저항 저감재(제)에 의한 경감법의 이론적 근거이다.

　도전질계 및 전해질계 처리방법의 차이를 다음의 [그림 2-79]에 보인다.

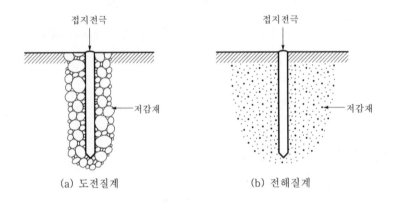

(a) 도전질계　　　　　　　　(b) 전해질계

[그림 2-79] 접지저항 저감재 처리의 차이

　접지저항 저감재의 필요 조건을 보면 다음과 같다.
① 안전성 : 공해 물질을 포함하지 않을 것
② 안정성 : 도전성 물질의 화학적 변화가 없을 것
③ 지속성 : 물에 용해되어 토양 중에 용출되지 않을 것
④ 내식성 : 전극 표면에 부식이 발생하지 않을 것
⑤ 강　도 : 적정 강도를 가질 것

9.1 도전질계 저감재

도전질계 저감재는 목탄, 코크스 등과 같은 도전성의 재료를 전극의 주변에 매설하고 전극의 겉보기 형태를 크게 하여 표면적을 증대시켜 접지저항을 경감시키는 것이다. 따라서, 저감재로 보다는 전극 보조재료로 간주된다.

그러나 이 방법은 매설되는 금속의 종류에 따라서는 접지전극에서 목탄(탄소)측으로 국부전류가 흘러서 접지전극이 전기부식(galvanic electrolyte)이 진행되고 장년 경과 후에는 접지선 부분이 단선될 우려가 있다. 또한, 목탄이 약산성이므로 접지전극을 산성 토양 중에 매설하면 동일한 상태가 되고 접지전극이 부식되므로 접지저항 경감효과가 우수하지만 탄소 분말입자(목탄, 흑연 등)가 저감재로 사용되지 않게 된 이유이다.

그래서 이 단점을 없애기 위해 탄소 분말체에 시멘트, 석고 등의 강 알칼리성의 재료를 혼합하여 탄소의 산성을 중화시키고 경화재로 작용시키는 것이 개발되었다.

이것은 일반적으로 도전성 콘크리트 전극이라고 불리는 것으로 동 또는 철의 접지전극을 완전하게 둘러싸서 사용하면 부식의 우려가 없고 전식방지에 효과적이다.

따라서, 이와 같은 처리를 하지 않고 전극 주변의 토양에 직접 탄소분말(carbon)을 살포하거나 전극과 이종의 금속재(철, 동, 알루미늄 등)를 혼합 매설하는 방법을 적용하면 전극의 부식, 접지선의 단선 등의 원인이 되므로 보수관리가 확실한 장소에서만 시해하여야 한다.

최근 도전질계 저감재로는 무정형 탄소, 흑연, 탄소섬유 등을 경화재로 혼합한 것이 사용되고 있다. 도전질계 저감재의 대부분은 경년변화가 없으므로 우수한 접지저항 저감재가 된다.

9.2 전해질계 저감제

전해질계 저감제는 토목공사에 사용되는 토질안정 처리제에 착안하여 여기에 도전성 물질을 첨가제로 가하여 혼합한 접지저항 저감제로 토양 개량제의 일종이다.

첨가제로는 고유저항이 비교적 낮은 도전성 물질이 사용되고 대표적인 물질로는 소금, 목탄 분말(carbon), 탄산소다, 유안 등이 있다. 그러나 이러한 도전성 물질은 단독으로는 토양과의 접착력이 약하고 무엇보다도 물에 용해되기 쉬우므로 쉽게 확산되어 버려서 지속성이 없다.

이 단점을 보완하기 위하여 합성수지를 이용하여 고도전성을 영구히 지속하는 새로운 저감제가 개발되었다. 이것이 전해질계 저감제로 저분자량 수지재료와 전해질 화합물 및 경화제의 3성분으로 구성되고 이것을 물, 약제로 조합하여 접지전극 주변에 주입하고 대지 중에 반응시켜서 전극 주위에 고도전성 경화수지를 생성시키는 것이다.

일정 시간이 경과하면(약 10분~3시간) 젤리상의 젤(gel) 상태로 된다. 이 경우 경화제 조합량의 다소에 따라 젤(gel)화 시간을 조절할 수 있다.

주 약제의 종류에 따라 에트린 가이드계(water glass), 변성요소 수지계, 리그닌계(펄프 폐액), 알루미나 젤(gel)계 등으로 분류된다. 전해질로는 염화나트륨(식염), 사리 염, 염화 칼륨, 유안 등이 사용되고 있다.

영국에서는 토양의 화학처리로 식염, 염화칼륨, 탄산소다 등이 인정되고 있으며, 미국에서는 유산마그네슘, 유산동, 암염 등이 사용되고 있다.

전해질계 저감제의 적용을 다음의 [그림 2-80]에 보인다.

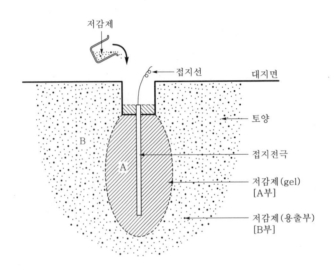

[그림 2-80] 전해질계 저감제의 적용

전지전극의 주위에 주입된 전해질계 저감제는 접지전극에 직접 접촉하여 굳어지고 유사 접지체(보조적 접지전극)를 형성하는 부분이 A 부분이다. 이 A 부분에 우수 등의 수분이 유입, 유출하여 저감제 중의 도전성 물질이 토양 중에 용해되어 혼합되고 주위의 토양보다 저항률이 낮게 되는 부분이 B 부분이다. 이 A 및 B 부분의 상승작용 효과에 의해서 접지저항이 낮아지게 되는 것이다.

여기서, A 부분은 접지전극의 겉보기 크기를 증대시키며 젤화(sponge)에 의해 보수성을 높이게 된다.

그리고 B의 부분은 용해된 물질에 의해 토질을 개량하게 되고 전해질계 저감제의 주 목적은 B의 부분에 달려 있다. 따라서, 토양 중 수분의 다소, 계속적으로 용출하는 A 부분의 약제의 감소에 따라 접지저항값이 영향을 받으며 경년 변화에 의해 접지저항값이 높게 되는 것은 그 성질상 피할 수가 없다.

그러나 최근의 제품에서는 개량을 하여 지속성이 영구한 것으로 되었지만 경년 변화의 영향이 전무한 것은 아니다.

또한, 전해질계 저감제를 사용하는 장소에서는 약제 조합시의 위험성은 물론, 사용 후에 인축, 농작물, 식물 등에 유해한 작용이 없도록 하고, 더불어 공해를 유발하지 않도록 충분히 유의하여야 한다.

경우에 따라서는 사용시에 토지 소유자의 허가를 받아야 하는 장소도 있으므로 주의하여야 한다. 또한, 저감효과의 지속성에 대해서도 충분한 검토가 필요하다.

9.3 객토공법

접지저항 저감법의 일종으로 객토공법이 있다. 접지저항은 대지저항률에 비례하고 대지저항률은 주로 토양의 함수량에 의해서 결정된다. 따라서, 접지저항 경감에 필요한 조건은 수분을 다량으로 함유하고 이것이 쉽게 흘러나가지 않는 성질을 가지는 토양이 좋다. 롬(loam)층, 점토층, 벤토나이트(bentonite) 등은 이러한 성질을 가지고 있다. 벤토나이트는 극도의 팽윤성을 가지는 점토의 일종이다. 따라서, 이러한 재료를 그대로 저감제로 사용 가능하다.

전극을 매설하는 지표에 근접한 부분이 모래, 모래층 등으로 대지저항률이 높은 경우에는 전극 주위, 즉 전극의 저항구역 내에의 토양 전체를 재료 토양으로 교체하는 것이 객토공법이다.

그러나 이 공법은 지표에 근접한 부분이 모래, 모래층 등으로 저항률이 높아도 지중 심층부에 중, 저 저항률의 층이 있는 경우에 유효하다. 역으로 심층부에 저항률이 높은 암반지대 등이 있는 경우에는 효과가 없다.

그리고 넓은 용지가 필요하므로 공사가 대규모로 되고 공사비도 고가이므로 다른 공법(심매설 공법 등)과 비교, 검토하여 적용하여야 한다.

 접지저항의 측정

접지저항의 측정에는 정상 접지저항(일반 접지저항)의 측정 및 과도 접지저항(접지 서지 임피던스)의 측정이 있다. 이외에 사용목적이 다른 접지극이 접근하여 매설되어 있는 경우에 한측의 접지계에 유입하는 이상전류가 다른 접지계에 미치는 영향을 조사하는 접지간 결합률의 측정이 있다.

10.1 기본적 측정방법

접지저항의 측정은 측정 대상 접지극(E극), 여기에 전류를 유입시키는 전원, E극의 전류가 유출하여 귀환하는 보조 접지전극(전류보조극, C극), E극의 전위상승을 측정하기 위한 기준점 설정용 보조 접지전극(전위보조극, P극)의 3극 및 전원을 접속하는 전선, 전류계, 전압계 등으로 구성되어 수행된다. 그리고 접지저항계에서는 전원과 계기를 일괄하여 수납된다.

또한, P극을 사용하지 않는 측정법도 있으며, 일반적으로는 C극으로부터 가능한 한 충분히 이격시킨 원격지점(가상 무한원점)에 설치된다.

[1] 전압전류계법

(1) 3전극법

이 방법은 P극을 사용하지 않으며 접지저항 측정의 가장 기본적인 방법이다.

3전극법에 의한 접지저항 측정법을 다음의 [그림 2-81]에 보인다.

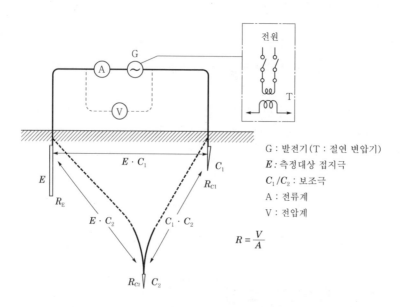

G : 발전기(T : 절연 변압기)
E : 측정대상 접지극
C_1 / C_2 : 보조극
A : 전류계
V : 전압계

$$R = \frac{V}{A}$$

[그림 2-81] 3전극법에 의한 접지저항 측정법

3전극법에 의한 측정법에서 먼저 E극과 C_1극의 2극간의 저항 R_1을 측정한다.

$$R_1 = R_E + R_{C1}$$

동일하게 E극과 C_2극간의 저항 R_2를 측정한다.

$$R_2 = R_E + R_{C2}$$

동일하게 C_1극과 C_2극간의 저항 R_{12}를 측정한다.

$$R_{12} = R_{C1} + R_{C2}$$

상기의 3식을 연립방정식으로 풀면 다음과 같다.

$$R_E = \frac{R_1 + R_2 - R_{12}}{2}$$

E, C_1, C_2는 가능한 한 정삼각형이 되도록 배치하는 것이 좋다. 이 경우에 일반적인 전기측정의 문제로는 전류계의 내부저항, 전압계의 직렬저항이 문제로 되지만 접지저항 측정에서는 접지저항값에 비해 영향이 작으므로 무시하여도 무방하다.

이 측정방법의 문제점은 측정기(전압계, 전류계)의 지시오차이며, 보통 0.5급 등급이 사용되므로 무시해도 문제는 없는 것으로 간주된다. 또 다른 문제로는 E, C_1, C_2극 상호간의 거리가 근접하면 2극간의 전위차가 실제 값보다 낮게 되어 버리는 것이다.

2극간의 배선이 길어지면 측정값에 그 전선의 저항값도 포함되어 버리는 문제가 있으며 이것은 전류용 배선과 전압용 배선을 별도로 하여 해결한다.

측정용 3각 지점의 확보가 곤란하고 전위강하법이 더 정확도가 있어 최근에는 이 3전극법은 그렇게 사용되지 않고 있다.

그러나 2점간의 저항측정은 그 2점간에 전류를 흘려서 양단의 전압을 측정하는 방법으로 저항측정의 기본기술이므로 숙지할 필요가 있다.

(2) 전위강하법

메시(mesh) 접지 등 대규모 접지계의 측정에 사용되는 방법이다. 또한, 대지전압(전위 강하법에서 측정전류가 흐르지 않는 경우에 전압계에 표시되는 전압)이 큰 경우에는 소규모 접지(봉전극 1본의 경우)에서도 이 방법이 매우 정확한 측정을 수행할 수 있다. 전위강하법에 의한 접지저항 측정법을 다음의 [그림 2-82]에 보인다.

전위강하법에 의한 접지저항 측정 회로도에서 K_S는 절체 스위치로 대지전압의 영향을 계산에 의해 상쇄하도록 하는 것이다. x는 측정 대상극(E극)의 폭으로 깊이 방향도 포함하여 최대값을 취한다.

$3x$, $4x$ 등은 E극으로부터 C극, P극까지의 거리로 x의 3배, 4배 등의 의미이다. 단, C극까지의 거리는 최소 20 m 이상이 좋다.

스위치 K_S를 어느 측으로 절체하고 전류 $I(A)$를 흐르게 하면 E극의 전위가 상승한다. 이 전위상승 $V(V)$를 읽으면 구하는 접지저항은 다음과 같이 간단하게 산출된다.

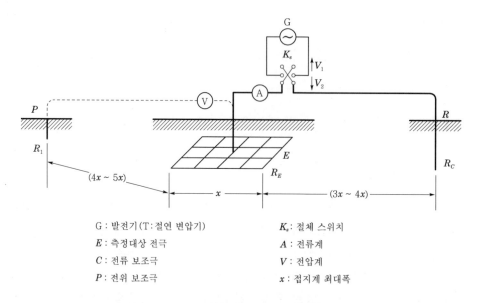

G : 발전기(T : 절연 변압기)　　　　　K_s : 절체 스위치

E : 측정대상 전극　　　　　　　　　A : 전류계

C : 전류 보조극　　　　　　　　　　V : 전압계

P : 전위 보조극　　　　　　　　　　x : 접지계 최대폭

[그림 2-82] 전위강하법에 의한 접지저항 측정법

$$R_E = \frac{V}{I} \ (\Omega)$$

일반적으로 대지전압 V_0가 있으므로 K_S를 편측으로 절체한 경우의 전압을 V_1, 반대 경우의 전압을 V_2로 하면 다음 식이 성립한다.

$$V = \sqrt{(V_1{}^2 + V_2{}^2 - 2V_0{}^2)/2}$$

상기의 전위 상승값을 접지저항 계산식에 대입하여 접지저항을 구할 수 있다.

[2] 직독 계기법

접지저항의 직독 계기로는 전위차계식 접지저항계와 전압강하식 접지저항계가 있다. 전위차계식 접지저항계는 영위법(평형법)에 의한 것으로 시멘스식 접지저항계 등으로 기 사용되어 왔던 것으로 현재도 접지저항계의 주류를 이루고 있다.

시멘스식 접지저항계의 회로도를 다음의 [그림 2-83]에 보인다.

시멘스식 접지저항계의 회로도에서 평형을 취하는 경우, P극으로부터 계기로 전류가 흐르지 않는다. 즉, 리시버(T)의 음이 최소로 된다. 이 방식은 전위차계의 원리와 동일하며 큰 장점이 된다.

전압강하식 접지저항계는 편위법(지시계법)에 의한 것으로 비교적 새로운 측정법이다.

전자기술에 의거하여 소형으로 확실한 정전류 회로가 얻어지도록 된 것으로 평형을 취할 필요가 없이 계기의 지시값을 그대로 읽으면 되는 방식이다.

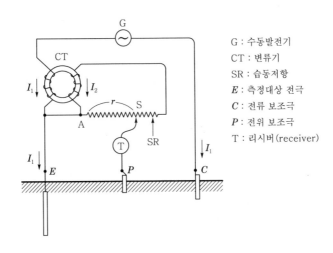

G : 수동발전기
CT : 변류기
SR : 습동저항
E : 측정대상 전극
C : 전류 보조극
P : 전위 보조극
T : 리시버(receiver)

[그림 2-83] 시멘스식 접지저항계의 회로도

(1) 전위차계식 접지저항계

이 계기는 종래 사용되어 왔던 측정기이다. 전위차계식 접지저항계의 회로도를 다음의 [그림 2-84]에 보인다.

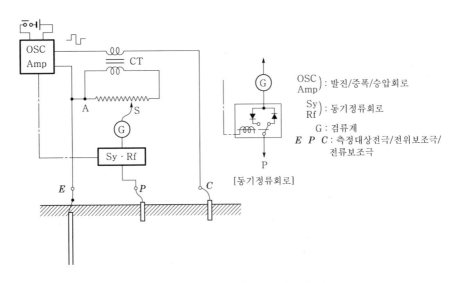

OSC
Amp) : 발진/증폭/승압회로

Sy
Rf) : 동기정류회로

G : 검류계
E P C : 측정대상전극/전위보조극/
전류보조극

[동기정류회로]

[그림 2-84] 전위차계식 접지저항계의 회로도

전위차계식 접지저항계의 회로도에서 축전지에 의해 단형파에 유사한 교류를 발생시켜 E극, C극간에 흐르게 한다. 그리고 CT에 의해 대지로 흐르는 전류에 비례하는 전류를 측정기내의 저항선에 흘려서 기준전압을 발생시키고 대지의 E극, P극간에 나타나는 전압과 평형시킨다. 저항선의 저항값에 미리 눈금을 매겨 두어 저항값을 직독할 수 있도록 되어 있다.

평형에 대해서는 평형상태를 리시버로 감지하는 시멘스식이 확실히 쉬운 것인지 알 수 없다. 그러나 리시버의 최소음을 감지하는 것은 매우 어렵다. 또한, 교류 그대로의 계기에서 시각적으로 평형을 취하는 것은 꽤 어려운 기술이다. 그래서 전위차계식 접지저항계의 회로도에서는 P극으로부터 흡상된 전류를 E극으로부터 송출된 전류와 동기화시켜 정류하고 검류계로 영위를 시각적으로 확인할 수 있는 구성방식으로 하고 있다.

(2) 전압강하식 접지저항계

전압강하식 접지저항계의 회로도를 다음의 [그림 2-85]에 보인다.

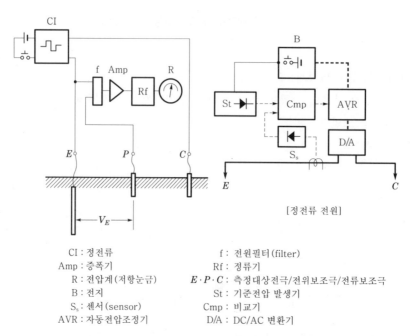

CI : 정전류
Amp : 증폭기
R : 전압계(저항눈금)
B : 전지
S_s : 센서(sensor)
AVR : 자동전압조정기
f : 전원필터(filter)
Rf : 정류기
$E \cdot P \cdot C$: 측정대상전극/전위보조극/전류보조극
St : 기준전압 발생기
Cmp : 비교기
D/A : DC/AC 변환기

[그림 2-85] 전압강하식 접지저항계의 회로도

이 방식에서는 E극과 P극간의 미소 전위차를 취하여 전압계로 읽는 방식으로 소형 반도체 소자를 용이하게 사용할 수 있는 구성으로 된다. E극과 C극간에는 회로에 상시 정전류가 흐르도록 되어 있으므로 직류 전압계를 저항값으로 눈금을 매겨 두면 저항을 직독할 수 있다.

(3) 대지저항률 측정기에 의한 접지저항 측정

전위차계식 접지저항계 및 전압강하식 접지저항계에서는 계기로부터 E극까지의 배선 (계기 내부 배선 포함)의 저항값도 접지저항으로 측정된다. 즉, 오차로 되는 것이다.

이것을 방지하기 위해서 대지저항률 측정기를 이용하는 방법이 있으며, 그 회로도를 다음의 [그림 2-86]에 보인다.

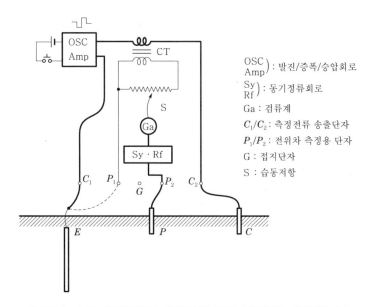

OSC⎞
Amp⎠ : 발진/증폭/승압회로

Sy⎞
Rf⎠ : 동기정류회로

Ga : 검류계

C_1/C_2 : 측정전류 송출단자

P_1/P_2 : 전위차 측정용 단자

G : 접지단자

S : 습동저항

[그림 2-86] 대지저항률 측정기에 의한 접지저항 측정회로도

대지저항률 측정기는 그 성능상 전류극(C_1, C_2)과 전위극(P_1, P_2)의 단자가 별도로 인출되어 있다.

따라서, E극으로부터의 측정 리드 선을 2본 인출하고 1선은 C_1극, 다른 1선은 P_1극에 접속하면 흡상전압에는 C_1극까지의 측정선의 전압강하분은 포함되지 않는다.

[3] 접지저항 측정법의 유의사항

(1) C극 및 P극의 위치 선정

접지저항은 E극의 전위상승을 통전전류로 나눈 것이다. 따라서, C극을 어느 곳에 설정하여도 E극의 전위상승이 일정하면 E극 및 C극의 거리를 이격시킬 필요는 없다. 그러나 실제로는 C극을 E극에 가깝게 하면 전위상승값이 작게 되는 것은 많이 경험하고 있는 바이다. 동일 저항값에 대한 전위상승이 작으면 저항값을 작은 값으로 지시하게 된다. 이 현상의 설명에는 전위분포곡선의 개면이 필요하다. 전위분포곡선을 다음의 [그림 2-87]에 보인다.

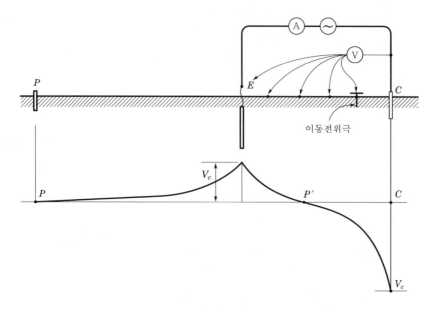

[그림 2-87] 전위분포곡선 (전류보조극 및 가상 무한원점 기준)

전위분포곡선에서 전류보조극을 기준으로 하여 E극과의 사이의 대지에 이동전위극을 타입하면서 전위를 측정하고 $V_C=0$로 하여 그 전위를 그린 곡선이 첫 번째 곡선부분이다.

또한, C극에서 본 E극의 반대측으로 크게 이격된 지점에 전위보조극 P극을 타입하고, 이것을 기준(0점)으로 하여 E극까지 동일하게 전위를 측정한 결과를 도시한 것이 두 번째 곡선부분이다. 기준점이 다르지만 양곡선 모두 전위분포곡선이 된다.

접지저항은 후자, P극을 C극의 반대측 원거리(가상 무한원점)에 설정한 경우의 E극의 전위상승 V_E를 전류값으로 나누어서 구한 값이 된다.

그런데 여기서 E극과 C극간의 전위분포곡선을 보면 곡선 중간에서 곡선의 방향이 변하는, 즉 곡률반경의 중심이 상부에서 하부로 변하는 P점이 반드시 존재한다. 이 점은 P와 동전위이다.

따라서, P극을 원방에 타입하는 대신에 P'점이 간단하게 구해지며 E극과 C극의 중간점에 P극을 설정하면 측정이 더욱 쉽게 된다.

여기서, 일반적으로 사용되고 있는 전위분포곡선의 일례를 다음의 [그림 2-88]에 보인다.

전위분포곡선(예)에서 [그림 2-88]의 (a)곡선이 일반적으로 사용되고 있는 것으로 C_1극이 아닌 C_2극으로 전위분포곡선에 수평부를 형성하여 충분히 이격시켜서 V_e를 구하는 것으로 되어 있다. 그러나 이 곡선에서는 수평부가 없어도 어느 방법으로든 P_1점이 구해지면 V_e를 구할 수 있다.

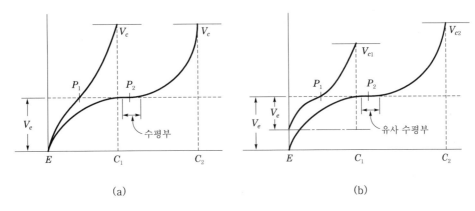

[그림 2-88] 전위분포곡선(예) (EC의 거리에 따른 상이곡선)

실제로는 이것은 [그림 2-88]의 (b)곡선과 같이 되어 있는 것이다. 즉, 수평부가 없는 경우, E극의 전위상승 V_e는 실제의 접지저항에 의한 전위상승 V_e보다 작게 되어 버리는 것이다. 물론 E극의 접지저항은 일정하며 C_1극과 C_2극도 동일 접지저항으로 된다.

이 원인은 접지극의 저항구역의 작용에 의한 것으로 접지전극의 병렬사용 경우의 집합계수 등도 동일한 원인에 의한 것이다. 따라서, C극은 E극과 C극간의 전위분포곡선을 그리는 경우에 근사 수평부가 가능한 것을 착안하면 좋다. 즉, 실제로는 E극과 C극을 연결하는 직선상의 거의 중앙에 P극을 타입하고 저항을 측정한다.

다음으로 EP간의 거리의 10% 만큼 전후에 P', P''극을 타입하고 측정한다. P', P'' 경우의 값이 P의 경우에 대해서 5% 이내에 있으면 P의 값을 해답으로 취한다. 만약 5%를 초과하면 C극을 멀리 위치시킨다. 곡선이 반전하는 장소 부근에 있으므로 반드시 찾아진다.

전위강하법에서 P극을 C극의 반대측에 설정하면 전위분포곡선(전류보조전극 및 가상 무한원점 기준)에서와 같이 반대측에는 전위분포곡선이 완만하게 되므로 이 경우도 동일하게 P', P''를 적정하게 설정하여 비교하는 것이 좋다. 이 경우도 곡률은 동일 방향으로 된다. 전위강하법에 의한 접지저항 측정도에서 $3x$, $4x$ 등은 경험값에 의한 것이며, 이 폭이 있는 것은 E극의 형태나 저항값에 의해 전위분포곡선이 달라지므로 정확하게는 E극의 형태로부터 전위분포곡선을 상정하여 3배, 4배 등을 결정한다. 단, 그래도 이것은 복잡하므로 실제로는 경험에 의해 가능하면 4배, 적어도 3배 정도로 하여 5% 이하의 오차로 되도록 상정하고 있다.

다음으로 P극의 위치를 E극과 C극을 연결하는 선과 직각 방향으로 하는 경우의 문제점 여부를 보면 전위분포를 고려하여 전위분포곡선(전류보조전극 및 가상 무한원점 기준)의 P, P'에 해당되는 점이 얻어지는 장소라면 어디든 좋다. 그러나 직각보다 작은 예각으로 되면 C극의 전위분포 내에 들어갈 우려가 있으므로 피하는 것이 좋다.

(2) 측정시의 통전 전류값 (전위강하법)

대규모 접지계에서는 대부분 전위강하법을 사용하고 있으며, 이 경우 측정을 위한 통전 전류값의 크기가 문제가 된다. 이 전류값은 전류 발생원 C극의 접지저항값 등에 의해 제한된다. 일반적으로 E극의 전위상승에서 $2 \sim 10$V로 되는 정도의 전류값으로 설정하고 있다. 전위강하법에서 대지전압 V_0를 기준으로 V_0가 1V 이하이면 전위상승은 1V, V_0가 1V를 초과하면 전위상승이 $2 \sim 10$V 정도의 통전전류로 하는 것이 좋은 것으로 간주되고 있다.

(3) C극과 P극의 타입깊이 (직독계기법)

일반적으로 C극에 대해서는 접지저항값의 상한값이 $5 \mathrm{k}\Omega$으로 되어 있으며 경험상 10 $\mathrm{k}\Omega$ 정도까지는 문제가 없는 것으로 되어 있다. 지름 2cm의 원형봉을 타입하는 경우에 저항값이 $5 \mathrm{k}\Omega$으로 되는 장소의 대지저항률을 역산하여 보면 약 15cm 타입하는 경우에 저항률은 $1500\Omega \cdot \mathrm{m}$, 40cm 타입하는 경우에는 $3000\Omega \cdot \mathrm{m}$로 된다.

일반적으로 C극은 $5 \mathrm{k}\Omega$ 이하의 저항값을 가지는 것이 좋다.

P극에 대해서 보면, 전위차계 방식에서는 P극으로부터 흡상되는 전류가 0으로 되고 전압강하 방식에서는 내부저항이 매우 높은 전압계가 사용되므로 그렇게 주의하지 않아도 되며 점전극으로 간주된다. 단, 이 극을 대지에 대해서 확실하게 수직으로 타입하면 된다. 저항값은 별로 주의하지 않아도 되지만 검류계형 전압계를 동작시키는데에는 이에 적합란 전류가 필요하므로 C극보다는 높은 값으로 가능한 한 낮추는 것이 좋다.

(4) 측정값의 오차

접지저항계의 측정값 허용 오차(예)를 다음의 [표 2-27]에 보인다.

[표 2-27] 접지저항계의 측정값 허용 오차 (예)

(단위 : Ω)

눈금 형식	측정 범위	허용 오차
등간격 눈금	0~1000	∓50
	0~100	∓5
	0~10	∓0.5
기타 눈금	200 초과~1000	∓50
	20 초과~200	∓5
	0~20	∓0.5

최대 눈금을 허용오차로 나누면 등 간격 눈금의 경우에는 5%, 그 이외의 경우에는 2.5%로 되며, 일반 지시계기의 최하 등급이 이것보다 완만하게 되어 있다. 단, 측정범위가 중복되는 경우에는 작은 범위로 측정한다.

(5) 포장도로의 보조극 타입

포장도로에서는 보조 접지극을 타입하는 것이 불가능하다.

포장과 이격된 대지 사이에 동제 망을 포설하여 이 사이의 정전용량으로 측정전류를 흐르게 하는 방법이 있으며 포장의 종류, 두께에도 관계가 있으며 동제 망을 많이 포설하는 것만으로는 효과가 적은 것으로 간주되고 있다.

따라서, 가능한 한 포장에 밀착시켜 정전용량을 증가시키는 것이 좋다.

포장도로의 전극 설치(예)를 다음 [그림 2-89]에 보인다.

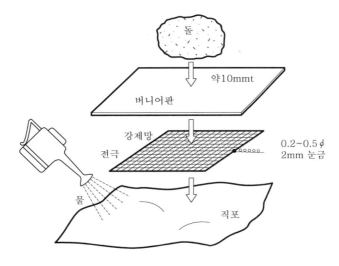

[그림 2-89] 포장도로의 전극 설치 (예)

이 방법에서는 직포를 최하부로 포장에 직접 포설하고 물을 충분히 함유시키며 목제 평판을 설치한다.

포장의 두께 등의 조건에 따라 다를 수도 있지만 대부분의 경우 $10\,\mathrm{k}\Omega$ 이하의 저항이 얻어지는 것으로 알려져 있다.

10.2 정상 접지저항의 측정

접지저항의 정의는 보면, 접지저항은 접지된 도체와 대지간의 저항으로 접지된 도체에 교류의 시험전류를 인가하고 이때의 도체의 전위상승을 시험전류로 나눈 값을 취하는 것으로 되어 있다. 접지저항의 정의를 다음의 [그림 2-90]에 보인다.

대지에 매설된 접지전극에 접지전류 $i(\mathrm{A})$의 교류전류가 흐르는 경우, 접지전극의 전위가 일정 기준의 대지전위보다 $e(\mathrm{V})$ 만큼 높게 되면 값 (e/i)가 접지저항 $R(\Omega)$이 된다.

그러나 이 정의에는 다음의 2가지 전제조건이 설정된다.

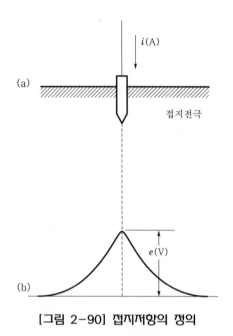

(a)

$i(\text{A})$

접지전극

(b)

$e(\text{V})$

[그림 2-90] 접지저항의 정의

- 접지전극에 전류가 흐르는데에는 추가의 1본의 접지전극(보조전극)이 필요하며 보조전극의 전류는 주 접지전극의 전류에 영향을 미치지 않아야 한다.
- 접지전극의 전위상승의 기준점은 접지전류가 흘러도 전위의 변동이 없어야 한다.

   이와 같이 접지저항의 측정에는 필히, 보조전극을 타입하여 측정전류와 접지전극에 발생하는 전위강하를 이용하여 접지저항을 산출하고 있다. 이와 같이 접지저항의 정의에 기초한 측정법을 전위강하법이라고 한다.
   측정의 대상인 접지전극도 작게는 봉전극에서 크게는 발변전소의 메시지 전극, 건축 구조체 기초 등의 대규모 접지극까지 다양하다. 이러한 접지전극의 규모에 따라서 측정방법도 서로 다르게 되지만 원리적으로는 전위강하법을 적용한다.
   전위강하법의 구성도를 다음의 [그림 2-91]에 보인다.
   전위강하법에서는 접지전극 E와 이것에서 충분히 이격된 지점에 타입된 측정용 전류 보조전극 C와의 사이에 교류전압 $E(\text{V})$를 인가하여 접지전류 $I(\text{A})$를 흐르게 하고, 추가로 1본의 전위 보조전극 P를 $E-C$ 선상에 연하여 이동하면서 $E-P$간의 전위강하 $E_P(\text{V})$를 측정하면 전위분포곡선이 그려지며 전위강하법의 구성도에 이를 보이고 있다.
   거리 EC간을 충분히 크게 하면 전위분포곡선은 중앙부근에서 수평으로 되며 P의 위치를 변하여도 일정하게 되는 부분이 발생한다. 이 부분을 대지의 기준점으로 하고, 이 지점에서 측정한 E_P의 값을 접지전류 I로 나눈 값, $E_E/I=R_E$(단, $E_E=E_P$)를 접지저항값으로 취한다.

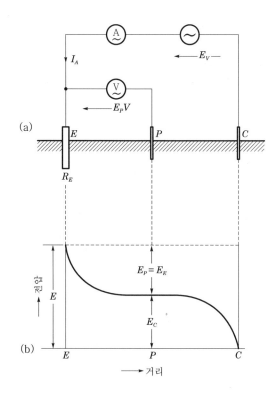

[그림 2-91] 전위강하법의 구성도

더욱 EC간의 거리가 짧아지면 전위분포곡선에서 수평부분은 나타나지 않는다. 이 경우는 E_E와 E_C의 분리점을 판단할 수 없게 되며 측정값은 신뢰할 수 없게 된다.

일반적으로 EC간의 거리는 20 m 이상 필요하다. 또한, 측정용 접지전류는 측정대상 접지전극의 크기에 의거하며 전류값이 어느 정도 크지 않으면 외부 잡음 등의 영향을 받으므로 5~20 mA 정도 필요하다.

이와 같은 전위강하법의 원리에 기초하여 수행하는 측정법을 '3 전극법에 의한 측정법'이라고 한다.

[1] 휴대용 접지저항계

접지저항계로 시판되고 있는 것은 대부분 전위강하법의 원리에 기초하여 제작되고 있다. 일반적으로 휴대용 접지저항계로는 1000Ω 이하의 접지저항을 측정하는 전지 내장형 전위차계식 및 전위강하식의 것이 사용되고 있다. 전원은 대부분 트랜지스터 인버터 방식으로 되어 있다.

(1) 전위차계식 접지저항계

전위차계식 접지저항계는 기준저항에 시험전류에 비례하는 전류를 흘리고 그 단자전압 (기준전압)과 접지도체의 전위상승을 검류계를 통하여 비교하여 검류계의 지시값이 0이 되도록 한다. 그리고 기준저항과 연동시킨 다이얼을 조정하면 다이얼의 지시값에서 접지저항값을 직접 읽을 수 있다.

전위차계식 접지저항계의 회로(예)를 다음의 [그림 2-92]에 보인다.

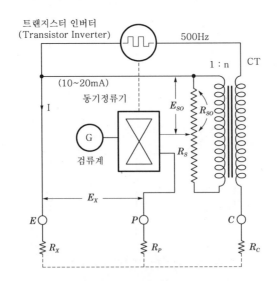

[그림 2-92] 전위차계식 접지저항계의 회로도 (예)

측정시에는 피측정 단자 E, 전위 보조극 P, 전류 보조극 C를 각각 접지저항계의 E, P, C 단자에 접속한다. 측정 단추(button)를 눌러서 $E-C$ 간에 전류 I를 흘리고 눈금 다이얼과 연동된 슬라이드(slide) 저항 R_{SO}를 조정하여 검류계 G의 지시값이 0이 되도록 하면 다음 식이 성립한다.

$$E_X = E_{SO}$$

여기서, $E_X = IR_X$, $E_{SO} = nIR_{SO}$

따라서, $IR_X = nIR_{SO}$

$$\therefore R_X = nR_{SO}$$

슬라이드 저항 R_{SO}와 연동된 다이얼에 n배의 저항값을 눈금으로 하면 접지저항값 R_X를 직독 가능하다.

이 측정은 전류 I가 너무 작지 않도록 제한되나 측정결과에 영향을 주지는 않는다.

(2) 전압강하식 접지저항계

전압강하식 접지저항계는 $E-C$ 간에 전류를 흘리는 것은 전위차계식과 동일하지만 전압강하식에서는 정전류 전원장치가 내장되어 있어 $E-C$ 간에 흐르는 정류를 항상 $5\,mA$ 또는 $10\,mA$ 등으로 일정하게 유지한다.

$E-P$ 간의 전위상승(전압강하)은 미소하므로 이것을 증폭시키고 정류하여 전압계에 지시되도록 한다. 필터는 다른 전류에 의한 오차를 배제하기 위한 것이다. 통전전류가 일정하게 유지되고 $E-P$ 간의 전압은 접지저항에 비례하므로 전압계의 눈금을 미리 저항에 일치시켜 두면 접지저항값을 직독할 수 있다.

전압강하식 접지저항계의 회로도를 다음의 [그림 2-93]에 보인다.

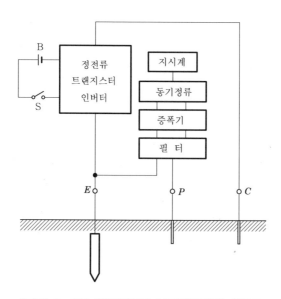

[그림 2-93] 전압강하식 접지저항계의 회로도

[2] 대규모 접지전극의 접지저항 측정

발변전소 구내의 메시접지, 송전선 철탑 등에서 광범위하게 시공된 매설지선, 대상전극, 건축 구조체 접지 등의 대규모 접지전극의 접지저항을 측정하는 경우에는 측정용으로 대전류를 흘릴 수 없으므로 AC 100~200V의 전원을 사용하여 절연변압기, 슬라이덕 등으로 구성되는 측정장치를 사용하는 제2 전위강하법을 적용한다.

이 측정회로도를 다음의 [그림 2-94]에 보인다.

측정용 전원회로에 절연변압기를 삽입하는 것은 공급전원계통의 접지회로와 절연하기 위한 것으로 권선비는 1:1로 한다. 슬라이덕은 측정전류를 조정하기 위한 것이다.

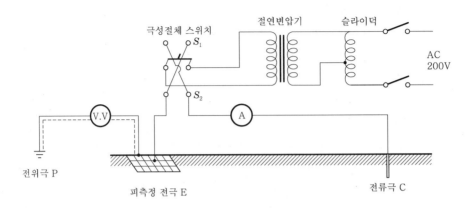

[그림 2-94] 제2 전위강하법의 측정 회로도

그리고 극성 절체 스위치가 삽입되어 있다. 전위 측정용의 전압계에는 내부 임피던스가 높은 것(진공관 전압계, 디지털 전압계 등)을 사용한다. 또한, 전위 측정회로($E-P$ 간)에는 유도영향을 받지 않도록 차폐선을 사용한다.

전류회로에는 외부로부터의 전자유도 영향을 받지 않도록 가능한 한 대전류를 흘리는 것이 좋으므로 전류 보조극의 접지저항은 가능한 한 작게 한다. 일반의 경우에는 봉전극을 타입하는 것만으로 충분하지만 지면이 견고하여 봉전극 타입을 할 수 없는 경우, 건조한 사력토, 암반 표면 등의 경우에는 보조 접지망과 물을 사용하여 전류 보조극의 접지조건을 개선하여야 한다.

이러한 보조전극의 접지조건 개선방법을 다음의 [그림 2-95]에 보인다.

제2 전위강하법의 측정회로가 일반 측정회로와 다른 점은 전위극 P가 피측정 전극 E와 전류극 C의 사이에 없고 피측정 전극 E를 중심으로 전류극 C와 반대측의 원거리에 타입하는 것이다.

대규모 접지전극의 경우에는 피측정 전극의 접지면이 대면적(넓은 저항구역)이 되고 접지저항이 낮아서 전자유도 영향을 받기 쉬워 측정전류를 20~30A를 흘리게 되므로 전류회로의 측정선에 평행하게 전위 측정선을 포설하면 유도장해가 발생하게 되므로 전위극의 방향은 전류회로로부터 거의 직각 방향으로 할 필요가 있다.

또한, 전위극을 멀리 이격시킨 위치에 타입하는 것은 피측정 전극의 전위상승이 무한원방에 대한 전위(이상적인 전위로 실제로는 없음)에 근접하도록 하기 위한 것이다.

그러나 전위측정 회로의 차폐선을 직각 방향으로 원방에 취하여도 유도장해를 완전히 제거하는 것은 불가능하다. 그래서 극성 절체 스위치를 사용하여 전위의 측정값 V_{S1}, V_{S2}를 측정한다. 그리고 측정회로의 전원을 절체하는 경우에 전압계가 지시하는 전위는 대지의 부동전위(floating potential) V_0로 된다.

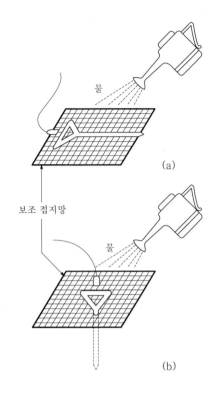

[그림 2-95] 보조전극의 접지조건 개선방법

이 3종류의 전위를 벡터도(vector diagram)로 표시한 제2 전위강하법의 데이터 처리법을 다음의 [그림 2-96]에 보인다.

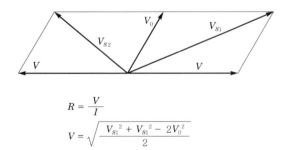

$$R = \frac{V}{I}$$

$$V = \sqrt{\frac{V_{S1}{}^2 + V_{S1}{}^2 - 2V_0{}^2}{2}}$$

V_{S1} : 극성절체 스위치 S_1의 측정값
V_{S2} : 극성절체 스위치 S_2의 측정값
V_0 : 대지의 부동전위(I=0)
V : 접지전극 전위의 실제값

[그림 2-96] 제2 전위강하법의 데이터 처리법

이 벡터도에서 대상 접지전극의 전위 V를 계산식으로 구한다. 접지저항 R은 회로전류와 계산값 전위 V에 의해 구해진다.

[3] 접지저항 측정상의 유의사항

휴대용 접지저항계로 측정하는 경우에 유의하여야 할 사항에 대하여 기술한다.

휴대용 접지저항계로 주로 측정 가능한 접지전극은 중·소규모의 것이며 대규모 접지전극의 경우에는 그 측정 시방에 따라서 측정값에 큰 오차가 발생할 수 있으므로 충분히 주의하여야 한다.

(1) 보조 접지전극의 배치와 타입 위치

접지전극 E와 보조전극 P, C의 배치는 가능한 한 일직선상으로 하는 것이 좋지만 구조물, 장애물, 도로 등의 지형관계로 직선상에 타입이 불가능한 경우에는 [그림 2−97]과 같은 위치에 P극을 타입하면 거의 오차 없이 측정이 가능하다. 단, 이 경우에는 $E-P$, $P-C$ 간의 간격을 다소 길게 할 필요가 있다.

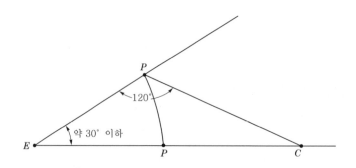

[그림 2−97] 측정오차를 제거하는 P극의 위치

다음으로 E, P, C 각 전극의 타입 간격에 대하여 기술한다.

접지전극 E와 전류 보조극 C를 충분히 이격시켜 타입하면 전위분포곡선의 중앙부에 수평부분이 발생하고, 그 부분에 전위 보조극 P를 타입하면 오차가 없는 접지저항값은 측정 가능하다. 이는 저항구역과 관련되어 설명이 가능하다.

접지저항의 대부분은 접지전극을 중심으로 하는 유한의 범위 내에 포함되는 것으로 간주되며 이 범위를 저항구역이라 한다.

① E와 E 전극이 근접한 경우

E 전극과 C 전극이 근접한 경우를 다음의 [그림 2−98]에 보인다.

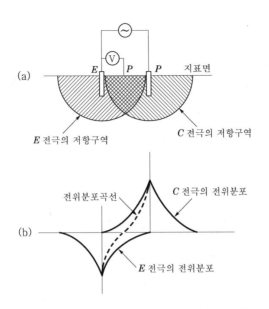

[그림 2-98] E 전극과 C 전극이 근접한 경우

E 및 C 전극이 근접하여 양측의 저항구역이 서로 중복되는 경우에는 E 및 C 전극의 전위상승을 합성한 결과가 최종적인 전위분포곡선으로 되고, 곡선의 중앙부에 수평부분이 발생하지 않는다.

따라서, 전위극 P를 그 내측에 타입하여도 E극의 전위상승, 즉 접지저항은 정확하게 측정이 불가능하다.

② E와 C 전극이 멀리 이격된 경우

E 전극과 C 전극이 멀리 이격된 경우를 다음의 [그림 2-99]에 보인다.

E 및 C 전극이 충분히 이격되어 있으면 양 전극의 저항구역은 중복되지 않는다. 그 결과 전위분포곡선에는 수평부분이 발생하고 양측의 전극은 서로 관계가 없게 되고 그 부분에 전위극 P를 타입하면 정밀한 측정값을 얻을 수 있다.

이와 같이 접지체 E와 전류 보조극 C의 간격을 크게 하여야 하는 이유가 충분하다. 일반적인 경우 휴대용 접지저항계에서는 $E-C$ 간을 $20\,\mathrm{m}$, $E-P$ 간을 $10\,\mathrm{m}$로 배치하고 측정용 전선을 적색 $20\,\mathrm{m}$, 황색 $10\,\mathrm{m}$로 되어 있다.

그러나 이것은 피측정 전극 E가 소규모인 경우(봉전극 $3\,\mathrm{m} \times 2 \sim 3$본, 동판 $2 \sim 3$매)의 최소한의 거리이며, 그 이상 대규모의 접지체에 대해서는 측정선의 길이 $40 \sim 20\,\mathrm{m}$, $60 \sim 30\,\mathrm{m}$ 정도 길게 할 필요가 있다.

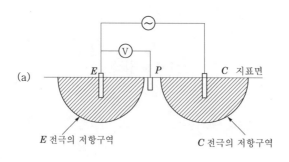

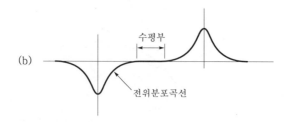

[그림 2-99] E 전극과 C 전극이 멀리 이격된 경우

이에 대해서 변전소의 예를 들어 계산하여 보면 다음과 같다.

변전소 구내의 메시접지 $50\,m \times 50\,m$의 접지저항을 측정하는 경우를 상정한다. 이 접지체의 등가반경은 $r = \sqrt{A/2\pi}$ 이므로 $r \approx 20\,m$가 된다. 이 경우 저항구역을 전저항의 95%까지 포함하는 지역으로 간주하면 $20r = 400\,m$로 되고 전위 보조극 P를 접지체의 말단에서 $400\,m$ 이상 이격된 지점에 타입할 필요가 있는 것을 알 수 있다. 이 거리는 메시접지 1변의 8배에 상당한다.

여기서, 저항구역을 $12r$(전저항의 92%까지 포함하는 지역)로 간주하여도 $240\,m$ 이상 이격하여야 한다. 단, 이때의 측정 정밀도는 악화된다. 따라서, 적어도 접지체 1변의 5배 이상 이격된 지점에 P극, 그 배의 지점에 C극을 타입하여야 한다.

그리고 $E - C$가 근접한 경우에서 불가피한 경우에 P극을 $E - C$ 간이 아닌 E극의 반대측에 타입하여도 실질적으로 E극의 전위상승을 구할 수 있으므로 접지저항의 측정은 가능하다.

단, 전위 강하법의 이론에서 $P - E - C$의 전극배치의 경우에는 P점에서의 값은 허수로 되어 실수(진수)값은 구해지지 않는 것으로 된다.

(2) 보조접지전극의 타입방법 및 개선방안

정밀도가 높은 측정값을 얻기 위해서는 보조극의 타입방법이 중요하다. 특히, 보조전극의 접지저항이 크게 영향을 미친다. 휴대용 접지저항계에서는 내장된 전지에 의해서 인버터를 동작시켜서 측정전류를 공급하고 있으므로 그 용량에 제한이 있고 너무 큰 전류를 흘리는 것은 불가능하므로 전류 보조극의 접지저항을 가능한 한 작게 할 필요가 있다. 그러면 어느 정도의 접지저항이면 좋은 지를 정량적으로 표시한 것을 다음의 [그림 2-100]에 보인다.

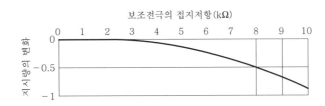

[그림 2-100] 보조전극의 접지저항의 영향

피측정 전극의 접지저항을 10Ω으로 하는 경우, 보조전극의 접지저항의 영향을 표시한 것으로 보조극 P, C의 접지저항이 2 kΩ 이상으로 되면 오차가 발생하고 8 kΩ으로 되면 지시눈금은 1눈금당 1/2 만큼 작게 측정되는 것으로 되어 있다. 일반적으로 보조전극의 접지저항이 500Ω 이하이면 오차를 고려할 필요가 없다. 그러나 이것은 현실적으로 곤란하므로 P, C극의 접지저항이 5 kΩ 이상으로 되면 정밀도가 양호한 측정은 바랄 수가 없다.

보조극의 개선방법으로 도심부 등에서 측정하는 경우에는 다음의 문제점이 발생할 수 있다.

- 완전하게 포장되어 있어 보조극을 타입할 장소가 없다.
- 피측정 건물의 접지 이외에 주변의 건물에도 각각 접지가 되어 있어 전지역이 메시접지와 동일한 형태로 된다.
- 건물 지하의 전기실 등의 접지저항 측정을 위하여 지상에 보조극을 타입하는 경우, 정확한 측정이 가능한 지가 의문스럽다.

이와 같은 조건하에서 접지저항을 정확하게 측정하기 위해서는 다음과 같은 방법을 시도할 필요가 있다.

- 보조극의 타입장소로 가로수, 화단 등을 조사한다.
- 보조 접지망 등을 사용한다.
- 상기의 방법이 불가능한 경우 하수, 맨홀 뚜껑 등을 보조극으로 사용하는 방법도 있다.
- 보조극으로 수도관 등을 이용하는 경우가 있다. 또한, 다른 금속체 매설관(가스관은 제외)을 이용하는 경우에는 피측정 전극과 너무 가까운 근접거리로 평행되어 있지 않은지를 확인해야 한다.

(3) 측정값의 정밀도 확인

측정결과에 대한 정밀도 확인방법은 다음과 같다.

- 전위 보조극 P를 최초의 측정위치보다 전후로 약 1 m 정도 이동시켜서 측정(총 3회 시행)하고 그 때마다 측정값에 큰 차이가 없으면 접지저항값은 정확한 것으로 판단한다.
- 측정 차이가 발생하는 경우에는 측정선의 연장 방향을 동서 또는 남북 방향으로 변경하여 측정하거나 측정선을 길게(10~20 m를 20~40 m, 30~60 m, 50~100 m 등으로 연장) 하여 시행할 필요가 있다.

(4) 측정용 전선에 대한 유의사항

측정용 전선을 연장하는 경우에는 다음 사항에 유의하여야 한다.

① 측정용 전선의 인덕턴스 영향

각 단자에 접속하는 측정용 전선으로 긴 전선을 사용하는 경우에 도중의 드럼 등에 감겨져 있는 잔여 전선이 많으면 그 인덕턴스의 영향을 받을 수 있으므로 주의해야 한다.

② 유도장해의 방지

측정용 전선을 전원선 등과 평행하게 포설되지 않도록 주의하여야 한다. 특히, 고압전선과 평행하게 포설되는 것은 피해야 한다. 이 경우 고압전선과의 각도가 45° 이상 되도록 하여야 한다.

③ 전선의 굵기

피측정 전극 E의 접지저항이 극히 낮은 경우에 측정기와 E극과의 접속선이 너무 가늘거나 매우 길게 되면 접속전선의 저항이 영향을 주게 되므로 주의하여야 한다. 휴대용 접지저항계에 부속된 녹색선은 보통 $2\,mm^2$ 굵기로 5 m 정도이다.

접지저항값은 여름과 겨울에는 4배 이상 차이가 나는 경우가 있으므로 측정값이 연중 동일하지 않으며 측정일의 날씨, 기온, 습도, 계절 등에 의해 영향을 고려하여야 한다. 따라서, 측정시에는 그날의 날씨, 기온, 습도 등을 반드시 기록하여야 한다.

[4] 2전극법에 의한 간이 측정법

접지저항 측정시, 보조전극의 타입 장소가 없는 경우(지하도, 터널, 고가교 등)에 그 부근(피측정 전극에서 5 m 이상 이격된 장소)에 수도관 등의 접지저항이 낮고 저항값을 알 수 있는 매설 구조물이 있으면 접지저항계의 P, C 단자를 일괄 접속하여 접지저항을 측정할 수가 있다.

이러한 방법이 2전극법에 의한 측정법이며, 다음의 [그림 2-101]에 그 구성을 보인다.

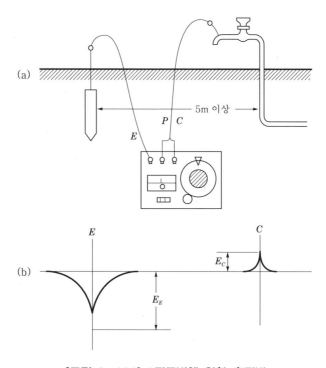

[그림 2-101] 2전극법에 의한 측정법

이 경우의 저항값은 주접지극 E의 저항값과 보조극으로 취한 접지체의 저항값과의 합으로 측정된다. 따라서, 보조극의 접지저항값을 제하면 주접지극 E의 값이 구해진다. 보조극의 접지저항값이 극히 작은 경우에는 이것을 무시하여도 큰 지장은 없다.

P, C극을 일괄하는 것은 E극의 전위강하에 비해서 C극의 전위강하를 무시할 수 있는 경우이다. 이 방법은 간이접지의 경우에만 제한 적용된다.

10.3 과도 접지저항의 측정

접지저항 측정용 전원으로 교류가 사용되는 것은 직류에서는 전극 주변에 전기화학작용이 발생하기 때문이다.

사용 주파수로는 상용전원을 사용하는 측정장치(제2 전위강하법)를 제외하고는 상용 주파수의 사용은 피하고 있다.

휴대용 접지저항계에 사용되는 인버터에서는 $500 \sim 800\,\mathrm{Hz}$ 정도의 방형파를 출력한다. 주파수가 너무 높은 것을 사용하면 측정용 전선(리드선)의 인덕턴스 L, 용량 C가 측정값에 영향을 미치므로 $1\,\mathrm{kHz}$ 이상의 주파수는 사용하지 않는다.

이와 같이 측정된 저항값은 정상 접지저항값으로 직류 저항값과 근사값으로 된다.

송전선 철탑, 피뢰침, 피뢰기, 보안기 등의 접지는 뇌격 또는 전력계통 사고시에 발생하는 서지 전류에 대응하여 유효하게 작용하여야 한다. 이와 같은 경우에는 뇌격전류 파형에 유사한 급준도의 임펄스 파형에 대한 측정이 필요하다.

이와 같은 측정방법을 과도 접지저항(접지 서지 임피던스) 측정이라고 하며 일반 접지저항측정과는 구별된다.

최근 임펄스 발생장치를 내장한 서지 임피던스계를 사용한 측정이 수행되고 있다.

여기서, 접지 서지 임피던스는 접지계(접지전극 및 접지선)의 임의 점에서 전위, 즉 순간치 $v(t)$를 그 점을 흐르는 전류, 즉 순간값 $i(t)$로 나눈 값으로 정의된다. 이 정의에서와 같이 접지 서지 임피던스(이하 서지 임피던스로 함)는 임펄스 파형 또는 시간에 따라 변동하는 특성을 가지고 있다.

[1] 서지 임피던스의 측정법 (제 1 방법)

임펄스식 접지저항 측정기(서지 임피던스계)는 단극성으로 $(1{\sim}2){\times}(20{\sim}40\,\mu\text{s})$의 임펄스를 발생시키고 피측정 전극 E와 전류 보조극 C와의 사이에 저전류 전원에 유사한 형태로 임펄스 전류를 흘린다.

전압 보조극 P를 0전위로 하여 피측정 전극 E의 전위상승을 측정한다.

접지 서지 임피던스의 측정회로 구성도를 다음의 [그림 2-102]에 보인다.

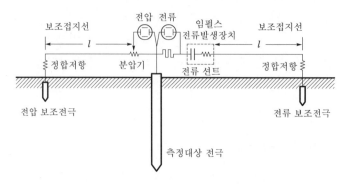

(l : 100m 이상, 메시접지의 경우는 전극 폭의 2배 이상)

[그림 2-102] 접지 서지 임피던스의 측정회로 구성도

고속도 브라운관 오실로그래프(oscillograph)로 전류파형 I, 전압파형 V를 관측하고 동일 시간축의 임피던스 $Z = V/I(\Omega)$를 계산하여 접지전극 E의 접지 서지 임피던스 $Z(\Omega)$가 구해진다.

상기의 측정에서는 다음 사항에 유의하여야 한다.

(1) 보조극의 접지저항

측정기와 전류 보조극을 접속하는 보조 접지선은 측정오차를 없애기 위해 말단에서의 반사파를 제거하는 것이 필요하므로 보조 접지선의 서지 임피던스(400~500Ω)에 근사한 말단저항이 필요하다.

따라서, 말단에서의 접지저항은 500Ω 이하가 필요하며, 이보다 낮은 경우에는 고정저항을 직렬로 삽입하여 500Ω으로 정합시킨다.

반대로 말단의 정합저항이 보조 접지선의 서지 임피던스보다 높은 경우에는 반사에 의해서 파형이 혼란되고 측정오차의 원인으로 되므로 보조 접지전극을 설치하는 등의 고려가 필요하다.

그리고 전압 보조극은 0전위를 유지하는 것 외에 특별히 접지저항을 낮출 필요는 없다. 그러나 측정 데이터를 확인하기 위하여 양 전극의 접지계를 상호 교환하거나 분압용 저항기를 사용하는 것도 있으므로 접지저항은 가능한 한 낮은 것이 좋다.

전류 보조극의 접지저항 영향을 다음의 [그림 2-103]에 보인다.

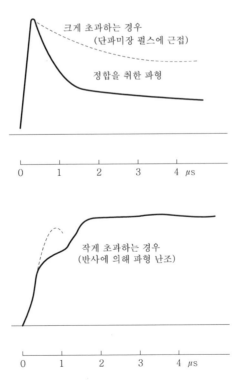

[그림 2-103] 전류 보조극의 접지저항 영향

(2) 보조접지선의 영향

보조접지선을 100 m 정도로 가깝게 연장하면 고조파 전압이 유도되거나 무선주파 전압이 중첩되어 파형의 혼란이 발생할 수 있다.

무선주파 전압이 중첩된 경우의 파형을 다음의 [그림 2-104]에 보인다.

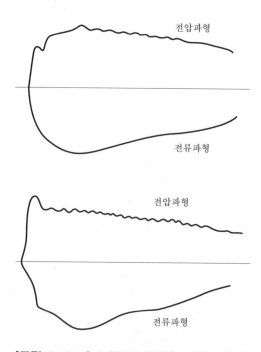

[그림 2-104] 무선주파 전압이 중첩된 파형

유도전압은 수(V) 정도인 경우가 많으므로 특별히 지장을 초래하지는 않으나 접지저항이 낮은 경우에는 인가전류를 10A 이상 증가시켜 S/N비를 높게 유지하는 것이 좋다. 기타 전류 보조 접지선에서 전압 보조 접지선에의 직접 유도영향, 송전선에서의 유도영향 등을 받을 수 있으므로 보조 접지전극은 송전선과 직각 방향으로 할 필요가 있다.

(3) 인접 철탑의 반사 영향

가공지선(GW ; Ground Wire)이 가선된 철탑의 접지저항 측정에서는 철탑 탑각부에 인가된 임펄스는 광속에 근접한 속도로 일부는 가공지선을 통하여 인접 철탑까지 전파되고 인접 철탑의 접지 임피던스 부정합에 의한 반사파가 되돌아오기까지 피측정 철탑의 접지저항 측정이 가능하므로 서지 임피던스계에 의해 가공지선이 가선된 상태로 접지저항의 측정이 가능하다.

그러나 인접 철탑으로부터의 반사파 영향을 충분히 고려하지 않으면 측정오차가 발생할 수 있다.

가공지선의 유무에 따른 철탑 접지저항의 과도특성 비교 예를 다음의 [그림 2－105] 및 [그림 2－106]에 보인다.

가공지선 접속상태의 과도특성 (a)에서는 서지 임피던스계로 구한 접지저항의 최대값 (반사파가 되돌아오기까지의 값)이 가공지선을 절단한 경우의 접지저항값과 일치하므로 측정값을 그대로 접지저항값으로 판단하여도 된다.

그러나 가공지선 접속상태의 과도특성 (b)에서는 측정값은 실제의 접지저항값과 크게 차이가 난다. 그 이유는 접지저항값과 인접 철탑과의 경간길이가 관련된 것으로 일반적으로 피측정 철탑의 접지저항이 높은 경우, 인접 철탑과의 경간길이가 짧은 경우에 오차가 크게 나타난다.

이와 같이 가공지선이 가선된 상태에서 정확하게 구한 접지저항값은 약 20Ω 이하가 된다.

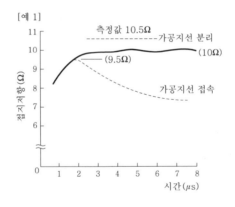

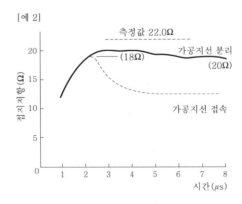

[그림 2－105] 가공지선 접속상태의 과도특성 예 (a)

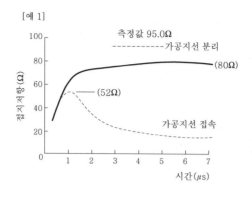

[예 1]

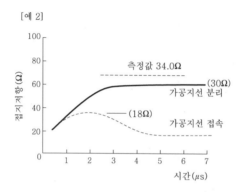

[예 2]

[그림 2-106] 가공지선 접속상태의 과도특성 예 (b)

[2] 서지 임피던스의 측정법 (제 2 방법)

서지 임피던스의 측정법(제1방법)은 임펄스 발생장치와 고속도 브라운관 오실로그래프를 사용하는 측정방법으로 각 시간마다 임피던스를 측정할 수 있으나 측정이 복잡하여 특별한 경우에만 사용되고 있다. 최근에는 임펄스 발생장치를 내장한 휴대용 서지 임피던스계가 널리 사용되고 있다. 이 휴대용 서지 임피던스계의 측정 결선도를 다음의 [그림 2-107]에 보인다. 피측정 전극과 전류 접지극과의 사이에 단극성 정전류 임펄스를 흐르게 하고 피측정 전극의 전위상승을 전압 접지극을 기준점으로 하여 측정한다. 그 결과는 측정기의 내부에서 지정된 측정시간($1{\sim}30\,\mu s$)에서 입력파형을 논리연산하여 직접 저항값을 디지털로 표시하도록 되어 있다.

예를 들면, 입상 $1\,\mu s$의 단극성 임펄스 0.4A를 $256\,\mu s$ 동안 인가하고 피측정 전극의 전위상승을 지정시간($1{\sim}30\,\mu s$) 동안 측정하여 디지털로 표시하는 것이다.

그리고 송전선 철탑에서 가공지선(GW)이 있는 경우에도 철탑 접지전극의 서지 임피던스를 정확하게 측정하는 것이 가능하다. 그러나 이 경우도 보조극의 접지저항과 보조 접지선에 대한 유도영향에 대해서는 주의하여야 한다.

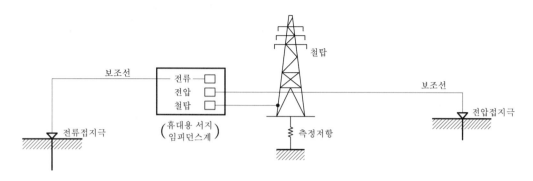

[그림 2-107] 휴대용 서지 임피던스계의 측정 결선도

[3] 접지체의 과도특성

접지체의 과도특성(서지 임피던스 특성)은 정상 접지저항값, 대지저항률, 접지체 등가면적, 접지계의 구성상태 등에 따라 상이하며, 또한 접지계가 일정 범위를 가지므로 전류 유입점의 위치, 대상장소에 따라 다르게 된다.

동일한 접지체에서도 인출 접지선의 접속위치에 따라 과도특성이 서로 다르게 된다.

일반적으로 접지체의 서지 임피던스 특성은 3개 유형으로 분류된다.

가장 일반적인 형태는 용량형으로 정상 접지저항값이 15Ω 이상인 경우에는 이 형태에 속한다. 정상 접지저항값이 10~15Ω의 경우에는 평탄형으로 되고 정상 접지저항값은 거의 동일한 값을 나타낸다. 그리고 정상 접지저항값이 5Ω 이하로 낮은 경우에는 유도형 특성을 나타낸다. 과도특성의 유형 개념도를 다음의 [그림 2-108]에 보인다.

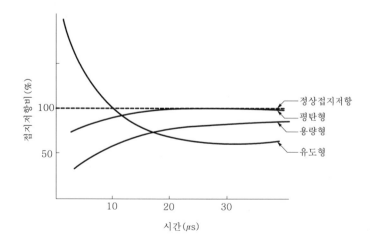

[그림 2-108] 과도특성의 유형 개념도

이 경우는 단시간 영역에서 정상 접지저항값보다도 높은 경향을 나타낸다. 유도형은 변전소 등에 시공되는 메시접지의 일반적인 특성이다.

용량형은 정상 접지저항값이 높으면 높은 만큼 최대값(정상 접지저항값)에 도달하는 시간이 길어지는 특성을 보인다.

이러한 특성이 나타나는 이유는 충격파의 토양 중 전파특성과 밀접한 관계가 있으며, 현재 학문적 연구과제로 되어 있다.

10.4 접지간 결합률의 측정

사용목적이 서로 다른 접지계(전력용과 통신용 등)가 근접하여 시설되어 있는 경우에 1 접지계에 유입된 이상전류가 다른 접지계의 전위를 상승시키고 여기에 접속되어 있는 기기에 장해기 파급되는 것을 상정할 수 있다. 그러므로 각종 기기 특히, 정보통신기기의 피뢰대책 이외에 인접 접지간의 결합률을 파악하는 것도 불가결한 것이다.

접지간 결합률은 근접한 접지계의 한 측에 유입된 이상전류 I에 의해 발생한 전위상승 V_1에 의해 다른 접지계에 전위상승 V_2가 발생하는 경우에 접지계 상호간의 결합률 η는 다음 식으로 표현된다.

$$\eta = \frac{V_2}{V_1}$$

[1] 접지간 결합률의 측정방법

대지 비저항 측정기를 사용하는 접지간 결합률 측정회로도를 다음의 [그림 2-109]에 보인다.

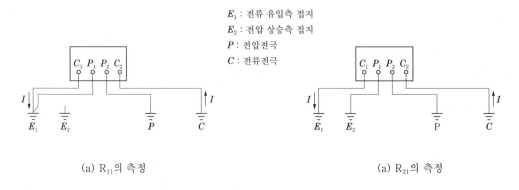

E_1 : 전류 유입측 접지
E_2 : 전압 상승측 접지
P : 전압전극
C : 전류전극

(a) R_{11}의 측정   (a) R_{21}의 측정

[그림 2-109] 접지간 결합률 측정회로도

접지계 E_1에 측정기의 C_1, P_1을 일괄 접속하여 측정하면 접지저항 R_{11}이 구해진다. 다음으로 P_1을 접지계 E_2에 접속하여 측정하면 접지계 E_2의 전위(E_2-P 간의 전위차)를 측정기의 출력전류로 나눈 값 R_{21}이 측정가능하다.

접지계 E_1의 전위는 $R_{11} \cdot I$이므로 접지계 E_1에 전류가 유입한 경우의 접지저항간의 결합률 η는 다음 식으로 구해진다.

$$\eta = \frac{V_2}{V_1} = \frac{R_{21} \cdot I}{R_{11} \cdot I} = \frac{R_{21}}{R_{11}}$$

[2] 측정결과 (예)

철골구조 건물의 주변에 시공되어 있는 용도가 서로 다른 접지계 상호간의 결합률에 대해서 계산값과 측정결과(예)를 다음의 [표 2-28]에 보인다.

[표 2-28] 접지간 결합률의 계산값 및 측정결과 (예)

상승측 접지	유입측 접지					
	E_1	E_2	E_3	E_4	E_5	건물 철골
$E_1/0.75\,\Omega$ (통신용)	–	0.182 0.152	0.095 0.077	0.017 0.010	0.024 0.010	0.537 0.550
$E_2/2.5\,\Omega$ (MDF용)	0.455 0.533	–	0.100 0.072	0.017 0.009	0.025 0.010	0.556 0.450
$E_3/3.6\,\Omega$ (수전반 피뢰기)	0.261 0.352	0.110 0.104	–	0.058 0.064	0.054 0.017	0.372 0.450
$E_4/26.4\,\Omega$ (수전반 보안기)	0.222 0.352	0.093 0.104	0.285 0.483	–	0.039 0.017	0.309 0.550
$E_5/30.0\,\Omega$ (배전반 보안기)	0.324 0.400	0.131 0.116	0.262 0.123	0.039 0.015	–	0.495 0.550

[주] : 1. 표시

　　　$E_1/0.75\Omega$(통신용) : 접지번호/접지저항값(접지용도)

　　2. 건물 철골의 접지저항은 $0.55\,\Omega$이다.

　　3. 상단 수치는 계산값, 하단 수치는 측정값이다.

　　4. 건물 철골의 전위상승은 측정 불가능

　　5. 접지 평면도([그림 2-110] 참조)

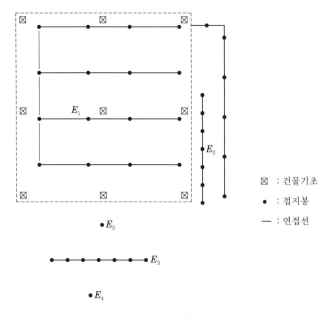

⊠ : 건물기초
● : 접지봉
— : 연접선

[그림 2-110] 접지 평면도(예)

 이 측정결과에서 대규모 접지(건물의 철골 구조체 접지 등)의 전위가 상승하는 경우에 주변의 접지에 파급되는 영향이 큰 것을 알 수 있다. 또한, 소규모 접지의 전위가 상승하여도 근접한 대규모 접지의 전위는 조금밖에 상승하지 않는 것으로 판명되었다.

 이러한 면에서 건물 등의 구조체 접지와 같이 대규모 접지체의 부근에 있는 소규모의 접지체는 단독접지로 하지 않고 대규모 접지와 접속하여 공용접지로 하는 것이 전위상승에 의한 장해를 방지하는데에 매우 유리하다.

제 3 장

과전압 보호 및 접지

건축물 내부에는 전력 수배전, 동력, 조명, 정보통신설비 등의 다수의 설비가 설치되어 운용된다. 이러한 각종 설비의 안정운전을 위한 접지에는 일반적으로 다음과 같은 종류가 있다.

- 피뢰침 접지
- 전력 피뢰기 접지
- A, B, C, D종 접지
- 컴퓨터용 접지
- 통신용 접지
- 계측제어용 접지
- 유도차폐용 접지

상기의 각종 접지의 목적은 대별하여 감전보호, 과도이상전압 보호, 계측제어 및 컴퓨터의 기준전위 확보, 전자장해방지 등이다. 이러한 각종 접지를 각각 단독으로 간섭없이 독립적인 접지로 시공하는 것은 매우 어렵고, 각 시스템의 간의 보호 또한 상당히 곤란한 문제가 발생하고 있다. 그래서 최근에는 이러한 접지의 목적을 전부 충족시키고 완벽한 보호도 수행할 수 있는 통합 접지 시스템이 요구되고 있는 실정이다. 이는 또한 접지시공 및 유지관리면에서도 매우 중요하다.

이에 국제전기전자위원회 규격(IEC)을 기준으로 과도이상전압보호, 접지 및 등전위 접속(equipotential bonding)에 대하여 기술한다.

 # 과전압 장해

전자기기에서는 LSI 집적회로가 도입된 이래로 장해발생 건수가 상당히 증가하고 있다. 그 이유는 전자장치의 집적 증가도에 따라서 과전압 내량이 감소되었기 때문이다. 유접점 계전기로 논리회로가 구성되는 기기에서는 예를 들면, 500V의 과전압에서 계전기의 정격전압 220V의 2배 정도이므로 별로 문제가 없다. 그러나 집적회로(IC)가 사용되는 직류회로(약 5V)에서는 이 과전압이 정격전압의 약 100배의 과전압으로 되어 단시간이라도 전자회로의 파손을 발생할 확률이 매우 높다.

그리고 회로구성 또는 접지방식에 따라서는 동일 레벨의 과전압이 정격 200V의 회로와 5V의 회로의 구별 없이 침입하게 된다. 즉, 전자회로가 전력계통에 의해 영향을 받는 회로구성으로 사용되고 있는 경우가 많으므로 이에 대한 대책이 필요한 것이다.

2 과전압의 종류와 발생원인

2.1 개폐 서지 전압(switching surge voltage)

가장 발생빈도가 높은 유도부하 차단시, 발생하는 과도이상전압이다. 유도부하는 일종의
에너지 축적 요소이며, 이 축적 에너지는 다음 식으로 표현된다.

$$W_L = \frac{1}{2} L i^2$$

이 유도성 에너지 축적회로가 전원에서 분리되는 경우에는 에너지가 개방되어 유도부하
및 회로의 정전용량을 충전하여 사용된다. 이 에너지는 다음 식으로 표현된다.

$$W_C = \frac{1}{2} C V^2$$

폐회로 계통에서 에너지 합은 일정하므로 다음 식으로 표현된다.

$$\frac{1}{2} C V^2 = \frac{1}{2} L i^2$$

따라서, 이 경우의 충전전압은 다음과 같다.

$$V = i\sqrt{L/C}$$

개폐 과전압 발생회로도(예)를 다음의 [그림 3-1]에 보인다.

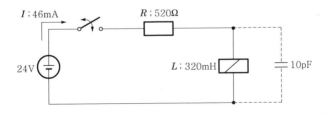

[그림 3-1] 개폐 과전압 발생회로도 (예)

회로 차단시의 전압 파고값은 약 $8.5\,\mathrm{kV}$로 발생 이상전압의 주파수는 다음 식과 같다.

$$f = \frac{1}{2} \sqrt{LC}$$

일례로 제어반에서는 정보전송용의 신호선과 전력선이 평행 설치되어 있으므로 상기의 전력회로의 차단 이상전압이 양측선의 상호 유도결합에 의해 신호선에 유도된다. 물론 결합계수가 작으면 유도전압은 크게 감소하지만 그래도 수 100V로 발생하는 경우가 많다.

2.2 충전부하의 방전에 의한 이상전압

다음으로 발생빈도가 높은 이상전압은 충전전하의 방전에 의한 것으로 이 현상의 발생 지속 시간은 ns(nano-second) 단위이다. 충전전하에 의한 유도 과전압 회로도를 다음의 [그림 3-2]에 보인다.

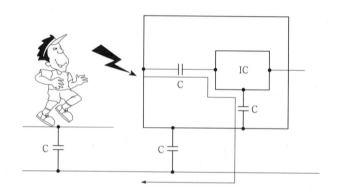

[그림 3-2] 충전전하에 의한 유도 과전압 회로도

서로 다른 전위로 충전되어 있는 2개 물체가 접촉하는 경우, 전위가 높은 물체로부터 낮은 물체로 방전된다. 인체는 일반적으로 150 pF의 정도의 정전용량을 가지고 있다. 인체가 절연성의 바닥 등의 위에서 움직이게 되면 마찰전기가 발생하고 이에 의해 충전된다. 또한, 지구상에는 1 V/m 레벨의 전계가 존재하고 그 전계 중에서 움직이는 인체는 일종의 안테나로 되고 이에 의해서도 전위를 가지게 된다. 충전된 콘덴서, 즉 인체가 그 주변의 서로 다른 전위를 가지는 물체와 접촉하는 경우, 방전에 의해서 전하의 평형을 유지하게 된다. 이와 같은 방전의 경우, 이상전압은 수 kV에 도달하기도 한다. 상기의 원인에 의한 전자 시스템의 절연파괴 사고가 이전에는 빈발하였으며, 이 문제는 취급자의 손에 부착된 도선을 전자기기의 외함에 먼저 접촉시켜 두면 일종의 등전위 접속으로 되어 해결되었다.

2.3 뇌격전류에 의한 유도 과전압

뇌격전류에 의한 유도 과전압 발생도를 다음의 [그림 3-3]에 보인다. 뇌격방전이 발생하는 경우, 뇌격전류는 수 μs에 파고값에 도달하고 수 10 μs에 파고값의 50%로 감소한다.

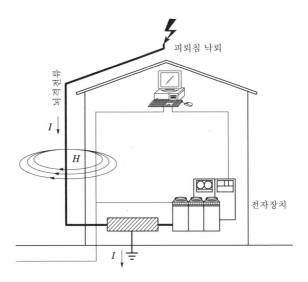

[그림 3-3] 뇌격전류에 의한 유도 과전압 발생도

이 파고값은 수 10 kA의 값이며 경우에 따라서는 200 kA를 초과하는 것도 있다. 이러한 뇌격이 피뢰침에 낙뢰하는 경우에는 건물 내부의 회로에 뇌격전류에 의해서 대단히 높은 이상전압이 유기된다.

2.4 결합현상에 의한 과전압

과전압은 전기설비에서 그 영향을 받는 전력 및 전자 시스템의 용량과 과전압의 파장과의 상대적 관계에 의해 유기되는 방식이 서로 다르다. 과전압의 파장이 시스템 용량에 비해서 매우 큰 경우에는 도전, 유전, 용량성 결합에 의해 유기되지만 역으로, 시스템 용량이 과전압 파장에 비해서 큰 경우에는 전자방사에 의한 결합을 고려하여야 한다.

다음에서는 과전압의 파장이 피보호 시스템의 용량보다 큰 것을 전제로 하여 2개의 건물 간에 포설되어 있는 데이터 전송선로에 뇌격에 의한 과전압이 유기되는 구체적 사례를 보이고 있다. 동일 건물 내에서도 2개 시스템이 각각 개별접지를 취하고 있으면 완전히 동일한 메커니즘(mechanism)에 의해서 과전압이 유기된다.

[1] 도전성 결합에 의한 과전압

도전성 결합에 의한 과전압 회로도를 다음의 [그림 3-4]에 보인다.

상기의 회로도에서 과전압 U_E는 다음 식으로 표현된다.

$$U_E = I_B \cdot R_E$$

여기서, I_B : 뇌격전류

R_E : 뇌격전류 접지저항

피뢰침 접지전극에 큰 뇌격전류가 흐르게 되면 건물 전체의 전위가 상승한다. 그리고 이 과전압은 예를 들면, 차폐선을 경유하여 다른 건물로 전달된다.

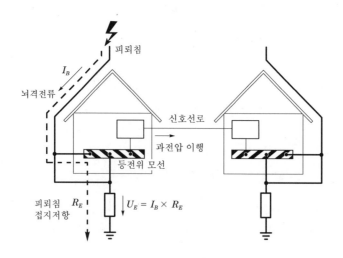

[그림 3-4] 도전성 결합에 의한 과전압 회로도

[2] 전자유도 결합에 의한 과전압

전자유도 결합에 의한 과전압 회로도를 다음의 [그림 3-5]에 보인다.

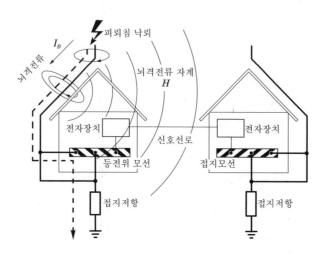

[그림 3-5] 전자유도 결합에 의한 과전압 회로도

피뢰도체에 큰 뇌격전류가 흐르면 그 주변에 발생하는 자속과의 결합에 의해서 피뢰도체와 전기적으로 분리되어 있어도 피뢰도체 이외의 도체에 과전압이 유기된다.

[3] 정전용량 결합에 의한 과전압

정전용량 결합에 의한 과전압 회로도를 다음의 [그림 3-6]에 보인다.

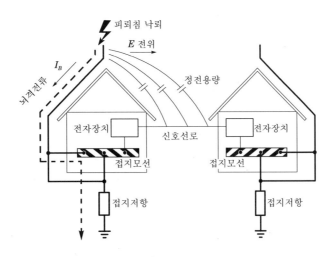

[그림 3-6] 정전용량 결합에 의한 과전압 회로도

피뢰침에 낙뢰하여 피뢰도체가 고전위로 되는 경우, 피뢰도체와 그 주변의 도체간에 정전결합에 의해 과전압이 유기된다.

[4] 종 과전압 및 횡 과전압

종 과전압(common mode) 및 횡 과전압(normal mode)의 발생 회로도를 다음의 [그림 3-7]에 보인다.

과전압이 발생한 충전선에 동일 극성 및 동일 파형으로 진행하는 경우에 종 과전압 U_L(common mode over voltage)이라고 하고, 주로 정전용량 결합에 의해 발생하며 대지절연을 파괴하는 경우가 많다.

이에 대해서 횡 과전압 U_Q(normal mode over voltage)은 전자유도 결합에 의해 발생하고 기기의 입력단자간에 인가되어 기기의 기능에 장해를 주는 것이다.

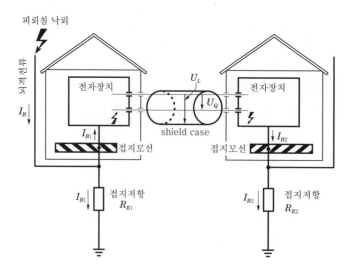

[그림 3-7] 종 과전압 및 횡 과전압의 발생 회로도

3 등전위 접속 (equipotential bonding)

3.1 등전위 접속의 개념

전자 계측제어 및 컴퓨터 시스템에서는 기능접지를 시행하며, 이 기능접지는 시스템이 안정하게 동작하도록 일정한 기준전위를 제공한다. 그러나 최근에는 안정된 기준전위를 확보하는 것도 중요하지만 등전위 접속에 의해 과전압에 대한 보호를 수행하는 것이 더욱 중요한 것으로 간주되고 있다.

과전압에 대한 보호를 위해서는 물리적으로 다음의 2가지 방법이 있다.
• 완전하게 절연하는 방법
• 완전한 전위의 균등화를 시행하는 방법

완전하게 절연하는 방법은 서로 다른 전위를 가지는 도전부 상호간에 영향을 미치지 않도록 하는 것으로 도전부간의 절연을 충분하게 하거나 절연물에 의해서 도전결합을 차단하는 방법이다. 그러나 이 방법은 완벽한 것은 아니다.

저압 제어반, 전선, 케이블 등의 절연내력은 일반적으로 수 kV이며, 피뢰침의 접지저항이 수 Ω으로 되면 이 회로에 수 10 kA의 뇌격전류가 유입하는 경우에 수 10 kV ~ 수 100

kV의 뇌격 과전압이 발생하기 때문이다.

도전부간의 거리를 충분하게 하거나 절연재를 사용하여 완전한 보호를 확보하는 것은 불가능하므로 다른 가능한 보호방법을 고려하여야 한다.

이에 대한 해결책, 즉 확실한 과전압 보호의 기본원리는 서로 다른 전위를 가지는 도전부를 전기적으로 접속(등전위 접속 : equipotential bonding)하여 등전위화하는 것이다. 등전위 접속에서 충전부는 과전압 보호장치로 접속한다. 이에 의해 과도 과전압 발생시, 과전압 보호장치를 포함하여 상호 접속된 모든 도전부는 동일한 전위로 될 수 있다.

등전위 접속 예를 다음의 [그림 3−8]에 보인다.

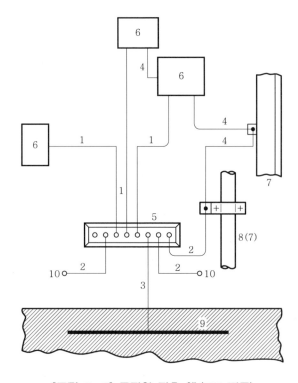

[그림 3−8] 등전위 접속 예 (IEC 기준)

여기서, ① : 보호도체
② : 주 등전위 접속도체
③ : 접지극 도체
④ : 보조 등전위 접속도체
⑤ : 주 접지단자
⑥ : 전기기기의 노출 도전부
⑦ : 계통 외부 도전부(철 구조체, 금속체 등)

⑧ : 급배수 또는 가스 공급용 금속관

⑨ : 접지극

⑩ : 기타 서비스용 도체(정보통신 시스템, 뇌격보호 시스템 등)

금속체 가스관을 불가피하게 등전위 접속을 할 수 없는 경우에는 서지 흡수장치(surge absorber)에 의해 접속한다.

주 등전위 접속과 접지저항 관계도를 다음의 [그림 3-9]에 보인다.

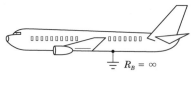

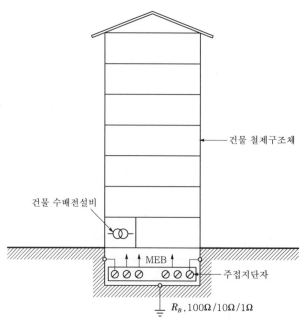

MEB : Main Equipotential Bonding
R_B : 건물 접지저항

[그림 3-9] 주 등전위 접속과 접지저항 관계도

상기도에서는 건축물에 등전위 접속을 시행하면 건축물 내부의 사람, 기기 등의 안전성은 그 접지저항값과는 관계가 없는 것을 보여주고 있다.

일례로 항공기 기체의 접지저항은 무한대이지만 승무원, 승객, 탑재기기 등은 기체에 낙뢰되어도 안전하다.

3.2 직렬형 등전위 접속

직렬형(series type) 등전위 접속도를 다음의 [그림 3-10]에 보인다.

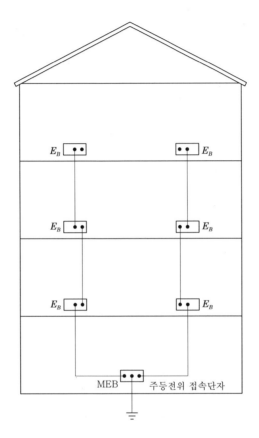

[그림 3-10] 직렬형 등전위 접속도

도체의 자기 인덕턴스(self inductance)는 그 단면적과 길이에 의해 결정된다. 원형 단면의 동도체 1 m의 것은 1.0~1.8 μH의 자기 인덕턴스를 가지며, 일반적으로 1 μH로 계산한다.

여기서, 다수의 등전위 접속장치를 연결한 경우의 인덕턴스의 합은 다음과 같이 매우 크게 된다.

$$X_{L\text{total}} = \sum X_n$$

이 경우 등전위 접속 도체의 양단에서는 큰 전위차가 발생하는 경우가 있다.

3.3 성형(star type) 등전위 접속

성형 등전위 접속도를 다음의 [그림 3-11]에 보인다.

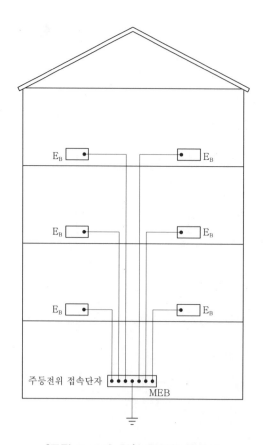

[그림 3-11] 성형 등전위 접속도

성형 등전위 접속에서는 전체 접속선을 성형 중심점(star point) 1점에 접속하여 접속선 양단간의 길이가 경감된다.

이에 의해 접속선에 뇌격전류와 같은 고주파의 유도 과전류가 흐르는 경우의 전압강하 즉, $u = -L(di/dt)$도 경감된다. 그리고 접속선이 폐회로를 구성하지 않으므로 노이즈 발생회로가 존재하지 않는다.

성형 등전위 접속법의 일부로 국부적 수평 등전위 접속이 있으며, 이를 다음의 [그림 3-12]에 보인다.

국부적 수평 등전위 접속은 한정된 영역, 즉 바닥에 망(mesh)을 사용하여 기준 전위면을 설정하고 등전위 접속을 시행하는 경우이다.

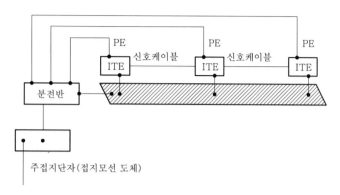

[그림 3-12] 국부적 수평 등전위 접속도

3.4 망형(mesh type) 등전위 접속

망형 등전위 접속도를 다음의 [그림 3-13]에 보인다.

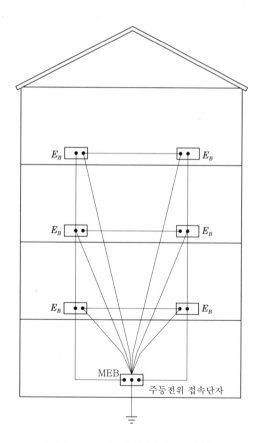

[그림 3-13] 망형 등전위 접속도

접속선의 임피던스를 가능한 한 경감하기 위하여 가능한 한 병렬접속을 시행하는 방법이다. 각 망의 내부에는 작은 부분전류의 흐름이 존재하게 된다. 망형 등전위 접속은 건물의 설계단계에서 도입하면 기술적으로 효과적이고 비용도 저렴해진다.

 과전압 보호구역

건축물 내부의 설비는 전동기, 발전기, 개폐기 등의 높은 과전류 내량을 가지는 전력기기와 전자 시스템, 컴퓨터 등의 과전압에 민감한 기기 등 다양한 과전압 내량의 시스템 또는 기기로 구성된다. 그러므로 기기를 과전압 내량에 의거하여 분류하고, 그 내량에 대응하는 보호레벨을 결정하여 동일 구역(zone)에 집합시켜 설치하면 경제적인 과전압 보호를 실시할 수 있다.

이 과전압 보호구역은 다음과 같이 분류된다.

- zone 0 : 건물의 외측, 직격뢰의 영향을 받으며 차폐가 없는 구역
- zone 1 : 건물의 내측, 개폐 및 뇌격전류에 의해 에너지가 큰 과도현상 발생구역
- zone 2 : 건물의 내측, 개폐 및 부하의 방전에 의해 소 에너지의 과도현상이 발생하는 구역
- zone 3 : 건물의 내측, 장해 허용한도를 초과하는 과도전류 또는 과도전압의 발생이 없고 차폐 및 전기회로의 분리가 되어 있는 구역

상기 과전압 보호구역(zone)의 상세 설명은 IEC 1312-1를 참조한다.

 과전압 보호장치의 선정

과전압 보호장치에는 다양한 종류가 있으며 각각 적용용도에 맞도록 설계되어 있다. 억제다이오드(suppressor diode)는 전원회로의 보호에는 용량이 부족하고 피뢰기는 컴퓨터 장치의 보호에는 용량적으로 과대하며, 바리스터(varistor)는 일반적으로 분기회로의 종 과전압 보호에 사용되고 있다. 전산장비, 계측제어 시스템의 입출력부에는 일반적으로 횡 과전압 보호도 필요하다. 과전압 보호장치의 선정에서는 피보호 기기의 과전압 내량과 설치장소에 대응하여 필요한 흡수 에너지를 고려하여야 한다. 건물의 인출입부에는 피뢰기가 필요한

지 또는 서지 억제장치(surge suppressor)가 필요한 지를 판단하여야 한다.

이에 대한 판정기준은 다음과 같다.

- 피뢰설비의 존재 유무
- 가공선에 의한 공급 유무
- 피보호 설비 범위
- 건물 또는 설비의 위험에의 노출상태

다음으로 고려할 사항은 과전압 보호장치의 제한전압, 즉 과전압 보호장치가 동작하여 과전압이 제한되고 양 단자간에 잔류하는 임펄스 전압이다.

이 제한전압은 보호되는 설비 또는 기기의 임펄스 내전압값($1.2/50\,\mu s$)과 비교하여야 한다. 잔류전압이 이 임펄스 내전압보다 작으면 보호되는 것이다.

임펄스 전압파형을 다음의 [그림 3-14], 임펄스 전압파형과 제한전압파형을 [그림 3-15]에 보인다. 그러나 과전압 보호는 일반적으로 적어도 2단계로 수행된다. 제1단계는 우선 전자유도에 의해 발생하는 과전압의 대규모 에너지를 방전시키고, 제2단계에서는 과전압을 위험하지 않은 레벨로 경감시키는 것이다.

저압계통 전기설비 및 기기는 임펄스 내압 레벨을 기준으로 4개 카테고리(category)로 분류되며 다음과 같다(IEC 664-1 기준).

- category Ⅰ : 종단기기
- category Ⅱ : 분전반과 종단기기간의 설비(분전반 포함)
- category Ⅲ : 주배전반과 분전반간의 설비(분전반 포함)
- category Ⅳ : 인입구에서 주배전반까지의 설비(주배전반 포함)

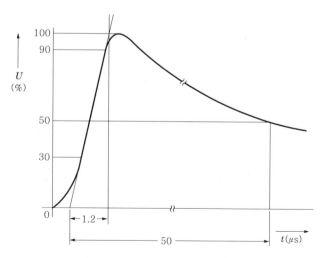

[그림 3-14] 임펄스 전압파형 (IEC 60 기준)

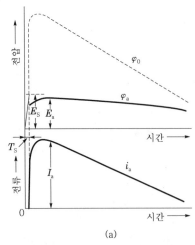

(a)

E_S : 충격방전 개시전압 I_a : 방전전류 파고값
E_a : 제어전압 파고값 i_a : 방전전류
φ_a : 제어전압 T_a : 충격방전개시까지의 시간
φ_0 : 원전압(피뢰기가 방전하지 않는 경우의 단자전압)

[그림 3-15] 임펄스 전압파형과 제한전압 파형

상기의 카테고리와 회로의 정격전압(대지전압)에 대응한 임펄스 내전압은 다음의 [표 3-1]과 같다.

[표 3-1] 저전압 전원계통에서 직접 공급되는 기기의 정격 임펄스 전압(IEC 664-1)

공칭전압 (V)		교류 또는 직류 공칭전압 선로와 중성선간의 최고전압	정격 임펄스 전압 (V)			
			과전압 카테고리			
3상	단상		I	II	III	IV
230/400 277/480 400/690 1000	120 240	50	330	500	800	1500
		100	500	800	1500	2500
		150	800	1500	2500	4000
		300	1500	2500	4000	6000
		600	2500	4000	6000	8000
		1000	4000	6000	8000	12000

정격 상전압 300V 칸을 선정하면 국내 저압회로에 적합하며 이 회로의 절연협조 예를 다음의 [그림 3-16]에 보인다.

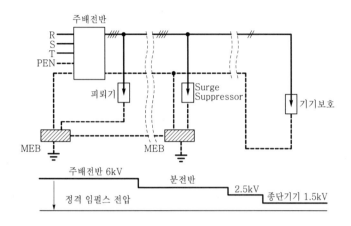

[그림 3-16] 저압회로 절연협조 예

그리고 각종 과전압 보호장치와 임펄스 전류내량, 응답시간의 관계는 다음의 [그림 3-17]과 같다.

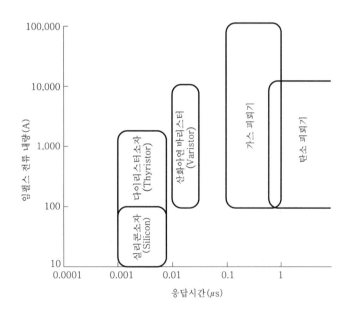

[그림 3-17] 과전압 보호장치 소자의 응답시간과 임펄스 전류내량

임펄스 전압이 침입하는 경우, 과전압 보호장치를 제1단계로부터 순차적으로 동작시키기 위해서는 제1단계 피뢰기와 제2단계 서지 억제장치(surge suppressor) 사이에 $7{\sim}15\,\mu\mathrm{H}$의 인덕턴스를 삽입하여야 하며 장치간의 간격은 약 $10\,\mathrm{m}$를 취하여야 한다.

피뢰 시스템과 접지기술

이와 같은 과전압 보호장치의 설치 위치도를 다음 [그림 3-18]에 보인다.

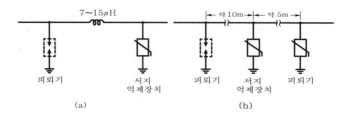

[그림 3-18] 제1 및 제2단계 과전압 보호장치의 설치 위치도

제2단계 서지 억제장치로는 적어도 $10\,kA(8/20\,\mu s$의 방전내량을 가지는 바리스터 (varistor)가 적합하다. 제3단계 또는 횡 과전압에 대한 보호장치로는 방전내량 $1.5\,kA$ $(8/20\,\mu s)$의 것이 권장된다.

 과전압 보호장치의 설치 사례(IEC 기준)

6.1 TN-C 계통

TN-C 계통의 과전압 보호(예)를 다음의 [그림 3-19]에 보인다.

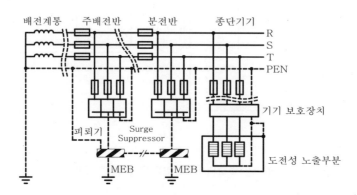

[그림 3-19] TN-C 계통의 과전압 보호 (예)

TN-C 계통에서 주배전반과 분전반에 종 과전압 보호를 위해서는 3상급전의 경우, 각각 3개의 과전압 보호장치가 필요하다. 이 설치장소에서는 직접 PEN 도체 및 등전위 접속

모선에 접속하지 않는다. 횡 과전압 및 종 과전압 보호를 위한 기기보호용 과전압 보호장치는 TN−S 계통의 경우와 동일하다.

6.2 TN−S 계통

TN−S 계통의 과전압 보호(예)를 다음의 [그림 3−20]에 보인다.

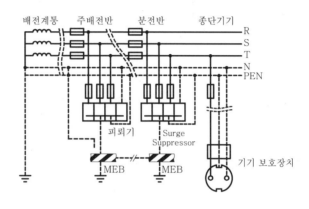

[그림 3−20] TN−S 계통의 과전압 보호 (예)

TN−S 계통에서는 N 도체와 PE 도체는 분리 설치된다. 따라서, 과전압에 의한 전자유도 결합의 경우, 양 도체간에 높은 전위차가 발생 예상된다. 여기서, L 도체와 PE 도체간과 동일하게 N 도체와 PE 도체간에도 과전압 보호장치가 설치되어야 한다. N 도체는 과전도체(상도체)와 동일하게 취급된다. TN−S 계통의 주배전반 및 분전반에서도 종 과전압의 보호를 위해 4개의 과전압 보호장치가 설치된다.

6.3 TT 계통

TT 계통의 과전압 보호(예)를 다음의 [그림 3−21]에 보인다.

TT 계통에서는 대개의 경우, 감전보호는 누전 차단기에 의해 수행된다. 이 누전 차단기를 뇌격 과전압으로부터 보호하고(특히, 전자식의 경우) 그 접점이 뇌격전류에 의해 융착되는 것을 방지하도록 또는 뇌격전류에 의한 오동작을 방지하기 위하여 누전 차단기의 상위에 과전압 보호장치가 설치된다.

그러나 이 경우에 해당 계통에 등전위 접속이 시행되어 있으면 바리스터(varistor) 등의 열화에 의해서 누설전류가 증가하므로 노출 도전부에 위험한 접촉전압이 발생(누전 차단기로는 보호 불가능함)하는 것을 방지하도록 반드시 갭형 장치를 사용해야 한다.

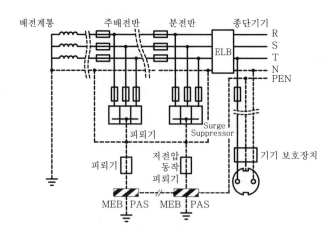

[그림 3-21] TT 계통의 과전압 보호 (예)

갭형 어레스터(arrester)는 전력회사로부터의 수전선과 건축물의 등전위 접속선의 사이에 종 과전압 보호를 위해 설치된다. 이에 의해서 건축물 내부의 케이블, 전선 등을 뇌격 유도전류에 의한 파손으로부터 보호할 수 있다. 케이블 또는 전선의 절연파괴는 높은 접촉전압을 발생시킬 가능성이 있다. 그러나 충전도체와 보호도체 PE간의 갭(gap)이 과전류에 의해 단락되는 경우에도 높은 접촉전압이 발생한다. 피뢰기의 갭이 파괴되는 에너지는 케이블의 절연파괴 에너지보다 매우 크다.

건축물의 배전 주회로에서 피뢰기는 배전선과 등전위 접속간에 접속되지 않고 3본의 충전도체와 보호도체와의 사이에 접속된다. 중성선과 등전위 접속의 사이에는 방전내량이 큰 갭형 어레스터가 접속된다. 더욱 충전도체와 중성선의 루프(loop)에서 유도뢰의 가능성이 있는 경우에는 충전도체-중성선 간에도 방전내량이 큰 갭형 어레스터를 설치하여야 한다.

분기회로에서 충전도체-중성선 간에는 바리스터를 접속할 수 있으며 중성선-등전위 접속 간에는 갭형 어레스터가 설치되어야 한다.

그러나 이러한 갭은 하위에 접속되는 기기 또는 설비의 충격방전 내량이 낮으므로 인입구의 피뢰기보다도 낮은 동작개시전압을 가져야 한다.

6.4 IT 계통

IT 계통의 과전압 보호(예)를 다음의 [그림 3-22]에 보인다.

피뢰기, 서지 억제장치 등은 주배전반에서도 또는 그 하위의 분전반에서도 L과 등전위 접속 사이에 설치된다. IT 계통에서도 횡 과전압 보호를 위하여 제2, 제3단계의 종 과전압 보호장치가 추가되어 사용된다.

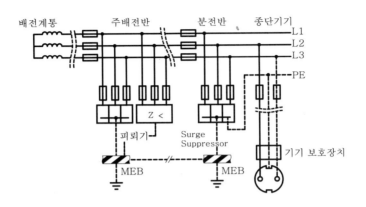

[그림 3-22] IT 계통의 과전압 보호 (예)

MEMO

제 4 장

피뢰 및 접지 시스템의 협조

종합 피뢰 대책

본 장에서는 실제적인 낙뢰 재해사례 및 이의 분석을 토대로 낙뢰에 대한 인명보호대책을 종합적으로 서술한다.

1.1 낙뢰 위험 / 안전장소

피뢰보호 대책수립의 기본으로 국제표준(NFPA 780)에 의거하여 낙뢰시, 인명에 대한 대표적인 위험 및 안전장소를 보면 다음과 같다.

[1] 낙뢰 위험장소

- 고지대 및 능선지역
- 건물 옥상
- 야외 개방지역, 야외 체력 단련장 및 골프장
- 야외 주차장 및 정구장
- 야외 수영장, 호수 및 해변 가
- 철제 울타리, 가공선 및 전철 가공 전차선(catenary wire)
- 고립된 지역의 나무 밑
- 기타 뇌격 노출장소

[2] 낙뢰 안전장소

- 피뢰보호가 되어 있는 건물 내부
- 지하 대피소(지하철, 터널, 동굴 등)
- 대형 철골 구조체 건물 내부
- 대형 건물 내부
- 자동차, 버스 등의 차량(철제 차량) 내부
- 전철 등의 차량 내부
- 피뢰보호가 되어 있는 선박 내부
- 도시 내 가로수(인접건물에 의해 뇌격 차폐됨)
- 기타 차폐 또는 피뢰 보호된 구조물의 내부

1.2 종합 피뢰보호대책

옥외 피뢰보호설비 및 뇌격경보설비 등을 고려하고 낙뢰시, 인명위험/안전장소 분류 등을 기준으로 하여 피뢰보호대책을 종합적으로 요약, 제시하면 다음과 같다.

[1] 직격뢰 보호

직격낙뢰 가능지역 또는 주요 보호대상물에 대해서는 기존의 수동형 일률적 보호각 개념의 일반 피뢰침이 아닌 능동형(선행 스트리머 방사형 : ESE Type), 광역보호범위의 신형 피뢰침 설비를 설치하여 피보호 대상물과 보호공간 내의 안전지역을 완벽하게 보호하여야 한다.

더불어 낙뢰계수장치를 설치하여 연간 낙뢰빈도를 계측 누산하여 연평균 뇌우일수(IKL ; Iso-Keraunic Level)를 확인하여 보호레벨을 검증하도록 권장된다.

[2] 뇌격경보

일반적인 피뢰침의 보호공간만으로는 옥외의 개방된 넓은 지역을 낙뢰로부터 완벽하게 보호하는 것은 불가능하며 과학적인 방법에 의거한 뇌격의 동향, 규모 및 강도를 감지하는 근접뇌격 경보설비를 설치하여 뇌격 접근시, 지역 내 인원에게 사전에 뇌격접근 주의보, 경보 또는 낙뢰위험 대피지시를 하는 것이 가장 효과적인 대책이다.

종합 접지 대책

2.1 접지 시스템

접지 시스템의 기본적 사항으로 그 지역의 토양의 토질, 토양층의 구성(단층, 다층구조 등), 대지저항률 등을 정밀 조사하여 가장 적합한 접지공법을 선정하여야 한다. 무조건적으로 심매설 공법을 적용하는 것은 좋은 방법이 아니다.

일반적인 매설공법의 적용이 곤란한 경우에는 대상전극 공법이 최적의 대안이 될 수 있다. 접지저항의 선정에서는 대상설비의 특성에 따라 정상 접지저항 또는 과도 접지저항(접지 서지 임피던스)의 적용을 명확히 하여야 한다.

그리고 대상설비의 종류, 뇌격환경 하에서 접지전위의 상승, 접지극(시스템)간의 결합률 및 발생 전위차 등을 충분히 고려하여 전체적인 접지 시스템을 구성하여야 한다. 이러한 종합적 접지 시스템으로 일부 정보통신설비의 기준접지를 제외한 모든 접지는 통합하여 일련의 공용 접지 시스템으로 구성하는 것이 정상 접지저항 및 접지 서지 임피던스의 경감, 접지간 결합률 및 접지간 전위차에 의한 기기의 소손, 절연파괴 등을 방지하고 접지전위를 경감할 수 있는 최적의 대책이 될 것이다. 그리고 건축 구조체의 접지저항을 적극적으로 이용할 것도 권장된다.

최근 국제기준에서도 일부 기준접지를 제외하고는 통합 공용 접지 시스템으로 구성할 것을 권장하고 있다.

2.2 접지 측정 및 관리

접지 시스템은 정기적으로 접지저항을 측정하고 지속적으로 관리하여야 한다.

접지저항의 측정에서는 정상 접지저항뿐만 아니라 뇌격전류 또는 전력계통 고장전류에 대한 접지 서지 임피던스도 필히 측정하여야 한다.

그리고 접지저항의 기록으로부터 경년변화를 예측하여 접지저항의 경감 대책을 필요시 시행하여야 한다.

3 피뢰 및 접지 시스템의 협조

3.1 피뢰접지 (lightning grounding)

피뢰접지에서는 반드시 뇌격전류에 대한 과도 접지저항(접지 서지 임피던스)을 고려하여야 한다. 이 과도 접지저항이 높을 경우 접지전위의 상승, 뇌격전류의 역류, 역 섬락 등이 발생할 수 있다.

그리고 피뢰 인하도선 및 접지선에서도 뇌격전류에 의한 발열, 섬락, 금속체의 와전류 등을 고려하여 적합한 도체종류 및 포설방법을 선정하여야 한다.

피뢰접지의 측정 및 관리에서도 정상 및 과도 접지저항의 정기적 측정, 경년에 따른 접지저항 경감 대책 등의 유지관리를 수행하여야 한다.

또한, 피뢰 효율 및 등급의 적정성 여부 판단을 위하여 상시, 낙뢰횟수를 기록, 분석할 수 있는 낙뢰계수기를 접지 시스템에 설치하고 유지 관리하여야 한다.

3.2 등전위 접지 (equpotential grounding)

뇌격시 접지접위의 상승, 접지극(시스템)간 결합률, 금속체 섬락 등을 고려하여 피뢰접지는 다른 접지 또는 근접 금속체와 반드시 등전위 접속을 시행하여야 한다. 그렇지 않은 경우 뇌격전류에 의한 접지전위 상승, 역 섬락 등에 의해 다른 기기의 절연파괴 등이 발생할 수 있다.

그리고 뇌격환경 하에서 건축 구조체의 전위도 상승하게 되므로 건축 구조체를 접지극으로 공용하거나 건축 구조체와 피뢰접지를 등전위 접지시켜야 한다.

기본적으로 건축 구조물에서 피뢰침 접지를 완전하게 독립적으로 분리시켜 접지를 시행하는 것은 불가능하므로 상기와 같은 조치가 필요한 것이다.